U0612158

放弃也是一种快乐

enjoy THE LIFE

万虹 主编

吉林出版集团有限责任公司

图书在版编目（CIP）数据

放弃也是一种快乐 / 万虹主编 . —长春：吉林出版集团有限责任公司，2011.9

（心之语系列）

ISBN 978-7-5463-5785-0

Ⅰ.①放⋯ Ⅱ.①万⋯ Ⅲ.①人生哲学-少年读物

Ⅳ.①B821-49

中国版本图书馆 CIP 数据核字（2011）第 128973 号

放弃也是一种快乐

作　　者	万　虹　主编	
责任编辑	孟迎红	
责任校对	赵　霞	
开　　本	710mm×1000mm　1/16	
字　　数	250 千字	
印　　张	15	
印　　数	1-5000 册	
版　　次	2011 年 9 月第 1 版	
印　　次	2018 年 2 月第 1 版第 2 次印刷	
出　　版	吉林出版集团股份有限公司	
发　　行	吉林音像出版社有限责任公司	
	吉林北方卡通漫画有限责任公司	
地　　址	长春市泰来街 1825 号	
	邮　编：130062	
电　　话	总编办：0431-86012906	
	发行科：0431-86012770	
印　　刷	北京龙跃印务有限公司	

ISBN 978-7-5463-5785-0　　　　　　定价：39.80 元

代 序

　　人的情感总是希望有所得，以为拥有的东西越多，自己就会越快乐。所以，这一人之常情就迫使我们沿着追寻获取的路走下去。可是，有一天，我们忽然惊觉：我们的忧郁、无聊、困惑、无奈、一切不快乐，都和我们的要求有关，我们之所以不快乐，是我们渴望拥有的东西太多了，或者，太执着了，不知不觉，我们已经执迷于某个事物上了。

　　我们在生活中，时刻都在取与舍中选择，我们又总是渴望着取，渴望着占有，常常忽略了舍，忽略了占有的反面--放弃。懂得了放弃的真意，也就理解了"失之东隅，收之桑榆"的妙谛。懂得了放弃的真意，静观万物，体会与世界一样博大的境界，我们自然会懂得适时地有所放弃，这正是我们获得内心平衡，获得快乐的好方法。

　　生活有时会逼迫你，不得不交出权力，不得不放走机遇，甚至不得不抛下爱情。你不可能什么都得到，生活中应该学会放弃。放弃会使你显得豁达豪爽。放弃会使你冷静主动，放弃会让你变得更智慧和更有力量。

　　什么应该放弃？放弃失恋带来的痛楚，放弃屈辱留下的仇恨，放弃心中所有难言的负荷；放弃浪费精力的争吵，放弃没完没了的解释；放弃对权力的角逐，放弃对金钱的贪欲，放弃对名利的争夺……一切源于自私的欲望，一切恶意的念头，一切固执的观念都应该放弃。

然而，放弃并非易事，需要很大的勇气。面对诸多不可为之事，勇于放弃，是明智的选择。只有毫不犹豫地放弃，才能重新轻松投入新生活，才会有新的发现和转机。

生活中缺少不了放弃。大千世界，取之弃之是相互伴随的，有所弃才有所取。人的一生是放弃和争取的矛盾统一体，潇洒地放弃不必要的名利，执著地追求自己的人生目标。

学会放弃，本身就是一种淘汰，一种选择，淘汰掉自己的弱项，选择自己的强项。放弃不是不思进取，恰到好处的放弃，正是为了更好地进取，常言道：退一步，海阔天空。

人生短暂，与浩瀚的历史长河相比，世间一切恩恩怨怨，功名利禄皆为短暂的一瞬，福兮祸所伏，祸兮福所倚。得意与失意，在人的一生中只是短短的一瞬。行至水穷处，坐看云起时。

目　录

　　每个人都希望自己成为生活的强者，但通往强者的路上不会是一帆风顺的，可能随时随地都有一堆困难在等待着你。面对种种挫折与困境，要有将自己的梦想坚持到底的决心。往往最艰难的时刻，便是成功向你招手的时刻。这时候，失去自信，盲目地羡慕别人、模仿别人，你就只能听从命运的摆布。只要坚持通过这段艰难的岁月，突破瓶颈，就能达到新的高峰，奇迹就会在你身边绽放光彩，成功会献给你缤纷的彩虹。

　　不是所有东西都可以被放弃，也不是所有东西都值得坚持追求。勇于追求是一种精神，敢于放弃更是一种境界，学会放弃，会收获不一样的精彩。

　　有些时候事情的表面并不是它实际应该的样子。如果你有信念，你只需要坚信付出总会得到回报。你可能会发现，直到最后才能发现事实的真相……

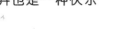

　　人生在世，不可能一帆风顺，种种失败、无奈都需要我们勇敢地面对、旷达地处理。这时，是一味埋怨生活，从此变得消沉、萎靡不振？还是对生活满怀感恩，跌倒了再勇敢地爬起来？英国作家萨克雷说："生活就是一面镜子，你笑，它也笑；你哭，它也哭。"你感恩生活，生活将赐予你灿烂的阳光；你不感恩，只知一味地怨天尤人，最终可能一无所有！

　　如果说世界是一幅风景，爱心便是一束鲜花。没有鲜花，风景就不会绚丽；没有爱心，世界就容易成为荒凉的土地。诚如梵高所说："爱之花开放的地方，生命便能欣欣向荣。"

　　爱心是一种语言，可以教给你光明和理想；爱心是一盏明灯，足以照亮你前进的方向；爱心是一泓碧波，可以洗涤你心灵的尘埃。

第一辑　梦想不是做梦

　　每个人都希望自己成为生活的强者，但通往强者的路上不会是一帆风顺的，可能随时随地都有一堆困难在等待着你。面对种种挫折与困境，要有将自己的梦想坚持到底的决心。往往最艰难的时刻，便是成功向你招手的时刻。这时候，失去自信，盲目地羡慕别人、模仿别人，你就只能听从命运的摆布。只要坚持通过这段艰难的岁月，突破瓶颈，就能达到新的高峰，奇迹就会在你身边绽放光彩，成功会献给你缤纷的彩虹。

什么是幸福生活

幸福就是一种感觉，幸福就是一种满足。幸福其实很简单，没有理由的，就是很幸福！

我的幸福就是和我爱的人在一起。无论天涯海角，我永远都在你的身旁。

其实幸福不在远方，也不在梦里，就在我身边，在我每一天的努力里，每一分钟的爱里，每一秒钟的期待里。能认识你，和你相爱是我最大的幸福，我的爱人啊。我思念着你。和爱人在一起，我很幸福；和朋友在一起，我很幸福；和亲人在一起，我很幸福；在每一天的时光的流逝里，我感受着生命的热情、温暖、期待、冷漠、悲伤、痛苦……我很幸福，因为我活着，感受着生命，感受着这个世界的一切，感受着你……

什么是幸福生活？

幸福生活就是外面飘着雪刮着北风，可以和爸爸妈妈在一起吃热热的手擀面。

什么是幸福？

幸福就是在意想不到的时候看到自己喜欢的人。

什么是幸福生活？

幸福就是在冬季的午后，躺在阳台的睡椅上，晒着太阳，看着妈妈制泡菜。

什么是幸福生活？你的幸福在哪里？

什么是幸福？

爸妈的笑容是你的幸福！

什么是幸福生活？

幸福就是一家人围在一起，或喧闹，或平淡！

什么是幸福?

幸福就是当你远远地看见家中那一团温馨的灯火,当你在寒冷的冬日里吃着热气腾腾香气四溢的饭菜!

什么是幸福生活?

幸福就是和朋友在一起尽情的聊着,开心的笑着!

什么是幸福?

幸福就是当你端出做得难以下咽的菜他却眉头不皱的说好吃,真的好吃……那时的你心里充满的不只是幸福,更有一种深深的感动!

什么是幸福?

幸福就是当你伤风感冒忘了吃药时,他拿来一片药丸,端来一杯水,连哄带骗的要你吃下去时,心中溢满了暖暖的感觉!

什么是幸福?

幸福就是当你坐在他的摩托后坐时,遇上不平的路面,他转过头的一句大吼"坐好",也会让你感动于他的体贴!

什么是幸福生活?

幸福就是在有月亮的晚上依偎在他的怀里靠在窗前数星星,看月亮!

什么是幸福?

幸福就是能经常依偎在他身旁吃着他为你买的爆米花,并且是你喜欢的味道,那纯白的颜色加上浓浓的奶油香味是一种甜蜜的幸福!

什么是幸福?

幸福就是你每天躺在他怀里,静静地闭上眼睛,安然入睡的时候!

什么是幸福生活?

幸福就是一种感觉,幸福就是一种满足。幸福其实很简单,没有理由的,就是很幸福!

(佚名)

3

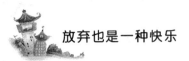

一次成功就够了

　　"人们经常抱怨天气不好，实际上并不是天气不好。只要自己有乐观自信的心情，天天都是好天气。"

　　有一个人，一生中经历了1009次失败。但他却说："一次成功就够了。"

　　5岁时，他的父亲突然病逝，没有留下任何财产。母亲外出做工。年幼的他在家照顾弟妹，并学会自己做饭。

　　12岁时，母亲改嫁，继父对他十分严厉，常在母亲外出时痛打他。

　　14岁时，他辍学离校，开始了流浪生活。

　　16岁时，他谎报年龄参加了远征军。因航行途中晕船厉害，被提前遣送回乡。

　　18岁时，他娶了个媳妇。但只过了几个月，媳妇就变卖了他所有的财产逃回娘家。

　　20岁时，他当电工、开轮渡，后来又当铁路工人，没有一样工作顺利。

　　30岁时，他在保险公司从事推销工作，后因奖金问题与老板闹翻而辞职。

　　31岁时，他自学法律，并在朋友的鼓动下干起了律师行当。一次审案时，竟在法庭上与当事人大打出手。

　　32岁时，他失业了，生活非常艰难。

　　35岁时，不幸又一次降临到他的头上。当他开车路过一座大桥时，大桥钢绳断裂。他连人带车跌到河中，身受重伤，无法再干轮胎推销员工作。

　　40岁时，他在一个镇上开了一家加油站，因挂广告牌把竞争对手打伤，引来一场纠纷。

　　47岁时，他与第二任妻子离婚，三个孩子深受打击。

　　61岁时，他竞选参议员，但最后落败。

　　65岁时，政府修路拆了他刚刚红火的快餐馆，他不得不低价出售了所有

设备。

66 岁时，为了维持生活，他到各地的小餐馆推销自己掌握的炸鸡技术。

75 岁时，他感到力不从心，因此转让了自己创立的品牌和专利。新主人提议给他 1 万股，作为购买价的一部分，他拒绝了。后来公司股票大涨，他因此失去了成为亿万富翁的机会。

83 岁时，他又开了一家快餐店，却因商标专利与人打起了官司。

88 岁时，他终于大获成功，全世界都知道了他的名字。

他，就是肯德基的创始人——哈伦德·山德士。他说："人们经常抱怨天气不好，实际上并不是天气不好。只要自己有乐观自信的心情，天天都是好天气。"

（佚名）

心理学家的实验

很多时候，成功就像通过这座小木桥一样，失败恐怕不是力量薄弱、智力低下，而是周围环境。

一位心理学家想知道人的心态对行为到底会产生什么样的影响，于是他做了一个实验。

首先，他让 10 个人穿过一间黑暗的房子，在他的引导下，这 10 个人皆成功地穿了过去。然后，心理学家打开房内的一盏灯。在昏暗的灯光下，这些人看清了房子内的一切，都惊出一身冷汗。这间房子的地面是一个大水池，水池里有十几条大鳄鱼，水池上方搭着一座窄窄的小木桥，刚才，他们就是从这座小木桥上走过去的。

心理学家问："现在，你们当中还有谁愿意再次穿过这间房子呢？"没有人回答。

过了很久，有3个胆大的人站了出来。

其中一个小心翼翼地走了过去，速度比第一次慢了许多；另一个颤颤巍巍地踏上小木桥，走到一半时，竟只能趴在小桥上爬了过去；第三个刚走几步就一下子趴下了，再也不敢向前移动半步。

心理学家又打开房内的另外9盏灯，灯光把房里照得如同白昼。这时，人们看见小木桥下方装有一张安全网，只由于网线颜色极浅，他们刚才根本没有看见。

"现在，谁愿意通过这座小木桥呢？"心理学家问道。

这次又有5个人站了出来。

"你们为什么不愿意呢？"心理学家问剩下的两个人。

"这张安全网牢固吗？"两个人异口同声地反问。

（佚名）

主动施恩的人

在现实中真正对你忠诚的，都是曾经主动给过你恩惠的人。"

贾迪·波德默是一名成功的犹太商人，家庭生活幸福美满，两个儿子也已经结婚生子。就在贾迪打算把产业交给儿子颐养天年之时，"二战"到来了。希特勒下令搜捕德国所有的犹太人，为了能够逃离德国，贾迪决定叫两个儿子向自己的非犹太人朋友拉尔夫，本内特求助。

"拉尔夫？这种时候向他求助能靠得住吗？"兄弟俩都不认同父亲的看法。拉尔夫是一位木材商，他曾经给过贾迪一家非常慷慨的帮助，但是两家一直很少往来。兄弟俩认为危难时机向他求助是很危险的事。

"靠得住，他是我们家的老恩人，如今我们遭遇灭顶之灾，他一定会鼎力相助的。"贾迪十分肯定地说道。

"可我们认为，还是向金·奥尼尔求助比较妥当。"兄弟俩说出了自己的想法。金？奥尼尔是一位银行家，贾迪曾经给过他巨大的帮助，奥尼尔一直把贾迪视为他的恩人，两家之间已经拥有了几十年的亲密友谊。

听了儿子的话，贾迪摇了摇头。

大儿子艾森向来十分尊重父亲的决定，他见父亲如此坚定，便决定遵从父亲的吩咐，带着弟弟一起到拉尔夫·本内特家中求助。可是，弟弟却拒绝了他的要求。他始终认为找金·奥尼尔更合适。

就这样，兄弟两个分别去找父亲的两位朋友。他们没有想到的是，这次分别竟然成为了永别。

弟弟刚迈进金·奥尼尔的家门，就被奥尼尔打电话叫来的纳粹分子抓走了。之后的两天内，贾迪家里的十口老小全部被抓，之后他们全部死于纳粹集中营中。而哥哥艾森找到拉尔夫·本内特之后，立即就被本内特藏到了家中的地下室。很快，拉尔夫就帮助艾森一家逃到了日本。

二战结束后，艾森得知了一家人的死因后，不由得感慨父亲的明智。幸存的艾森为了记录这段历史，曾写了一本回忆录。在回忆录中他写道："许多人认为，要赢得他人的忠诚，最好的办法是给其恩惠。其实，这是对人性的误解，在现实中真正对你忠诚的，都是曾经主动给过你恩惠的人。"

（佚名）

两个偷羊贼

只要勇气还在，错误就可以得到改正，失去的一切就都有可能重来。

有两个人因为偷羊而被官府抓获，官府要将他们刺字、发配。家人不想就此见不到自己。

的亲人，于是筹了钱款来赎他们，结果这两个人都被赎了回来，可是烙在前额的两个英文字母 ST 却再也不能去掉。ST 是"偷羊贼"（Sheep Thief）的缩写，这种刑罚在现在的人们看来有些不人道，但在当时却被认为是惩罚犯罪的最佳手段，因为前额上烙印的字母永远都去不掉，所以人们要想不遭受这种羞辱，不到万不得已就不会以身试法。

可是这两个偷羊人却因为一时贪心，犯下了偷盗之罪，所以就不得不带着那两个代表着耻辱标记的字母继续在人们面前生活和工作。这对于任何一个有羞耻之心的人来说都是一种难堪，也是一种考验。

两个偷羊人之中的一人，每天从镜子中看到自己前额上的烙印，都觉得这实在是一种奇耻大辱，他简直不能想象自己无时无处都要带着这种耻辱去面对众人异样的目光。他成天都不敢出门，最后终于连家里人看自己的眼神他也忍受不了，于是他就躲藏到异邦，希望到一个从来没有人认识自己的地方去开始新的生活。

可是来到异邦以后，每逢碰到陌生人，对方仍旧会奇怪地问他这两个字母究竟是什么意思，他的心情始终不能平静，每天都感觉生活痛苦不堪，终于抑郁而终。死后有好心人按照他的遗愿将他埋在了一处荒山野岭之中。那个地方只有他的一座孤坟，也许从此以后他才算免去了心头的羞辱，因为那个地方几乎没有人去。

另外一个偷羊人同样深知自己以后的处境，而且他同样对自己过去犯下的罪行感到羞愧。可是他并没有像前面的那位一样远走他乡，而是在人们异样的目光下和一些人明里暗里的嘲讽中留了下来，他心想："虽然我无法逃避偷过羊的事实，但我仍旧要留在这里，赢回我曾经亲手葬送的声誉，赢回众人对我的尊敬。"

从此以后，他靠自己的双手辛勤地劳动，用自己的劳动果实来孝顺父母、养育家人，而且每当邻居有困难的时候，他都会义不容辞地主动帮助。一年一年过去，他又重新建立起正直的名誉。邻居们每逢有困难时，首先想到的就是他这个大好人，在邻居的介绍下他还娶了一位温柔美丽的妻子，并且生下了一个聪明可爱的孩子。

时间一晃而过，他的孩子也已经长大成人，而他则成了一位白发苍苍的老人。有一天，有个陌生人看到这位老年人头上有两个字母，就问当地人，这究竟是什么意思。那个当地人说："他的额上有两个字母，已经是多年以前的事了，我也忘了这件事的细节，不过我想那两个字母是'圣徒'（Saint）的缩写吧。"

奇特的面试

不要期望别人给你带来机遇，机遇是自己给自己创造的。

有一个学生，他的第一次面试给自己留下了终生难忘的教训。那天，他拿着一家著名广告公司的面试通知，兴奋地提前10分钟就到达了举行招聘的大厦。

这个学生很自信，因为他的专业成绩很好，年年都拿奖学金。所以，对这次面试，他胸有成竹。

广告公司在这座大厦的20层。大厦的管理是很严格的，两位精神抖擞的保安分立在门口两旁，在他们之间的条形桌上有一块醒目的标牌：来客请登记。

这个学生走向前询问："您好，请问2020房间怎么走？"

保安拿起电话，过了一会儿说："对不起，2020房间没有人。"

他连忙解释："今天是他们面试的日子，您看，我这有他们面试的通知。"那位保安又拨了几次："对不起，先生，2020还是没有人。我们不能让您上去，这是规定。"

这个学生怎么也没想到，第一次面试就这么不顺利。面试通知上写的很清楚：迟到10分钟，取消面试资格。他自认倒霉，只好回到了学校。

晚上，这个学生收到了一封电子邮件：先生，您好！也许您还不知道，今天下午我们就在大厅里对您进行了面试，很遗憾，您没有通过。您应该能注意到那位保安先生根本就没有拨号，大厅里还有别的公用电话，您完全可以自己去询问一下。我们虽然规定迟到10分钟就取消面试资格，但你为什么立即放弃而不再努力一下呢？

这个学生看完电邮后，心痛得晕倒了！

(佚名)

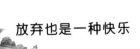

敢于创新

　　　　注意别人注意不到的细节，来个小小的创新吧。这不仅会让你的工作和生活时刻充满情趣，还能让你脱颖而出。

　　美国有一家贸易公司，业务很忙，节奏也很紧张。公司进货的时候，上午对方的货刚发出来，中午账单就会随传真过来，会计的桌子上总是堆满了各种讨债单。

　　所谓的讨债单，都是千篇一律地要钱。公司的账期是一个月，有时候会拖到两个月。会计常常不知该先付谁的账单好，经理总是大略看一眼，就扔在桌上，说："你看着办吧，安排好了我签个字就可以了。"这一句"安排"，往往付款就需要一个月。

　　但是有一次，经理看了账单说："下午付给他款。"

　　那是一张从法国一家小公司传真来的账单，上面除了货物标的、价格、金额外，其他的大面积的空白处写着一个大大的"SOS"，旁边还画了一个卡通头像，头像正在滴着眼泪。

　　简单的线条，但很生动，很有趣，打破了办公室死气沉沉的气氛。

　　这张不同寻常的账单一下子引起会计的注意，也引起了经理的重视，他看了便说："人家都流泪了，以最快的方式付给他吧。"

　　经理和会计心里都明白，这个讨债人未必在真的为这笔款流泪。但他的目的达到了，以最快速度讨回了货款。

　　只是因为，他注意到了别人没有注意到的空白处，多用了一点点心思，把简单死板的商业行为换成了一个富含人情味的小幽默。

（佚名）

想象是成功者的天地

　　想象是最好的工具，想象是成功者的天地。

　　一个中学的篮球队做了一个实验，把水平相似的队员分为两个小组，告诉第一个小组停止练习自由投篮一个月；第二组在一个月中每天下午在体育馆练习一小时；第三组在一个月中每天在自己的想象中练习一个小时投篮。

　　结果，第一组由于一个月没有练习，投篮平均水平由 39% 降到 37%，第二组由于在体育馆坚持了练习，平均水平由 39% 上升到 41%，第三组在想象中练习的队员，平均水平却由 39% 提高到 42.5%。

　　这真是很奇怪！在想象中练习投篮怎么能比在体育馆中练习投篮要提高得快呢？很简单，因为在你的想象中，你投出的球都是中的！成功者就是这样，在办公室、运动场不断地锻炼着自己，他们创造或模拟他们想要获得的经历，他们模拟成功，仿佛他们是第一个。成功者就是这样"表里如一"的人。

　　调查资料表明，世界上许多卓越的成功者，几乎每个人都是心理模拟方面的大师。他们懂得让自我修养处于不断的提高中。他们虽然有时没有工作，但他们在不停顿的练习中使自己对待艰苦的工作更为坚强了。他们知道想象是最好的工具，想象是成功者的天地。

　　　　　　　　　　　　　　　　　　　　　（佚名）

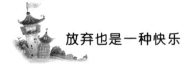

学会动脑子

　　人生中常常会遇到各种各样的挫折、障碍。要直接穿越可能很艰难，那就不妨绕过去。

　　苏格拉底是古希腊伟大的哲学家,他有一个伟大的学生:柏拉图。柏拉图曾跟随其学习 8 年。而最初,柏拉图对自己的老师并不信服,甚至还有些看不起。

　　一天,苏格拉底带着柏拉图去探访一位朋友,走到一条乡路上时,柏拉图见有不少马车载着货物朝前走,便对苏格拉底说:"我们比一下脚程如何?"

　　苏格拉底微微一笑，说："好的。"

　　"那我们穿过前面的城镇后会合,谁先到达,谁就是胜者。"说着,柏拉图就向前奔去。

　　柏拉图喜爱活动,体壮如牛。路越往前越难行,有好几次,柏拉图冲撞在马车上,他不得不慢了下来。进了城镇,柏拉图暗暗着急,因为前面是个集市,街道两边摆满了货物,中间是拥挤的车辆和人流。再往前走,竟有满满的一车货物严实地堵在路上。等柏拉图穿越城镇后,愣了,原来苏格拉底已经气定神闲地站在会合点了。

　　柏拉图气喘吁吁地问："您怎么这么快就到了?"

　　苏格拉底指指另一条道,又指指自己的脑袋,见柏拉图仍一脸茫然,便说:"很简单,当我看到路上有很多载着货物的马车时,我并没有像你一样急于前奔,而是动了脑子,我猜想前面的城镇肯定有集市,那么,拥挤自不必说。所以,我便从岔路上绕了过来。"

　　柏拉图恭恭敬敬地喊了声"老师",自此才算真正服了苏格拉底。柏拉图从此谦逊学习,最终成为古希腊最伟大的哲学家和教育家。

（佚名）

肝胆相照的朋友

建立在互相尊敬，互相信任基础之上的朋友才是真正的朋友。

皮西尔斯一向快言快语，遇到不平之事他总要站出来维护公正。每当对别人的所作所为感到不满时，即便对方身为豪门权贵，他也要毫不客气地加以批评。正是这种直率的性格使他得到了许多人的信赖，同时也得罪了很多人。

在一次对国王镇压人民的暴行进行批评之后，他被国王的卫兵抓到了都城的监狱。在皮西尔斯接受审问的时候，由于他坚决不肯承认自己的批评是错误的，更不愿意向国王道歉，所以被深深激怒的国王要判处他死刑，并且一个月以后就要执行。

皮西尔斯被打入了冰冷的死牢，他丝毫不后悔自己此前的所作所为。他唯一感到遗憾的就是家中年迈的父母没人照顾，而且在临死之前还有许多亲人没有见到。

他又想到自己欠下两位邻居的钱还没有来得及归还，这些事情应该在自己临死之前都有个交代。

于是当国王最后一次问他还有什么要求时，他请求国王，让自己回家乡一趟，向家中的亲人和朋友告别，再料理一些必须料理的事情，并且向国王保证，自己一定会按时回来伏法的。

国王听到皮西尔斯的请求之后从喉咙里挤出一声冷笑："哼哼，你是想趁机逃命吧，我为什么要相信你的话？"

皮西尔斯答道："我以自己的人格向您担保，我保证会回来伏法。"

国王依然不相信："如果我放你回去，到时候你却不回来伏法，那我到哪里去找你的人格？你就安心等着被处死吧！"

国王的话音刚落，就有一个年轻人走上前对国王说："国王，我愿意代替我的朋友皮西尔斯坐牢，等到他从家乡办完事回来以后您再放我。"这个年轻人就是皮西尔斯的一个朋友，名字叫达蒙。

国王感到不可思议，竟然有人为一个死囚做担保，而且是以自己的自由和生命为抵押。不过他仍然有点儿不放心，他问达蒙："如果皮西尔斯没在规定的时间内回来呢?"

达蒙回答："我知道他一定会回来的，因为他从不失信。假如他因为有事耽搁不能按时回来，那我情愿代他受死"。

国王不由得感到一种震撼，不过他也彻底放心了，就放皮西尔斯回家。达蒙则留在了死牢。十天过去了，半个月过去了，二十天过去了……再过两天就是执行死刑的时间了，可是皮西尔斯还是没有回来。

国王派重兵看守达蒙，可是他看到达蒙根本就没有逃跑的意思，而且达蒙也并不为皮西尔斯没有回来的事情着急。

国王看着达蒙故意说："你替他在这里受死，可是你的朋友却早已经逃得远远的了，他不会回来了。"

达蒙回答："我相信皮西尔斯的人品，如果不相信他，我也不会做这件事情。如果他不能准时回来，一定是遇到了解决不了的问题。"

两天之后，皮西尔斯还是没有回来，国王决定处死达蒙。达蒙也做好了死的准备，不过他一点儿也不悲伤，因为他是为崇高的友谊而献身的。

国王派狱卒前去带达蒙上刑场，可是刚走出王宫的狱卒却带着皮西尔斯返回来了。

皮西尔斯回来了，由于路上遭遇了暴风雨，海上的船都不能起航，所以他耽误了行程。

"幸运的是，我终于准时赶回来了。"他说道，然后他又向自己的朋友达蒙表示感谢。

国王此时的感触比当初达蒙站出来代替朋友坐牢时更为复杂。他决定收回处死皮西尔斯的命令，而且还把皮西尔斯和达蒙都放了。

当皮西尔斯和达蒙向国王告别的时候，国王说："我真心希望也能有像你们一样肝胆相照的朋友。"

（佚名）

最出色的洗厕工

只要你满怀爱心地去做细微事情，一样也可以做成一件伟大的事，成为一个伟大的人。

许多年前，一个妙龄少女来到东京帝国酒店当服务员。这是她涉世之初的第一份工作，从这里她将正式步入社会，迈出她人生第一步。她很激动，暗下决心：一定要好好干！一定要做出个样子！

可她万万没想到：上司安排给她的工作竟然是洗厕所！而且对工作质量的要求特高，高得骇人：必须把马桶抹洗得光洁如新！她知道什么叫"光洁如新"，她也相信自己不适应洗厕所这一工作，更难以实现"光洁如新"这一高标准的质量要求。于是，她陷入困惑、苦恼之中，也哭过几次鼻子。

这时，她面临着下一步该怎样走的问题：是继续干下去，还是另谋职业？人生之路岂有退堂鼓可打？正在此关键时刻，同公司一位前辈及时地出现在她面前，帮她摆脱了困惑、苦恼，帮她迈好了人生第一步，更重要的是帮她认清了人生路应该如何走。但他并没有用空洞理论去说教，只是亲自做个样子给她看了一遍。

首先，他一遍遍地抹洗着马桶，直到抹洗得光洁如新。然后，他从马桶里盛了一杯水，一饮而尽喝了下去！竟然毫不勉强。实际行动胜过万语千言，他不用一言一语就告诉了少女一个极为朴素、极为简单的真理：光洁如新，要点在于"新"，新则不脏，因为不会有人认为新马桶脏，因此马桶中的水也是不脏的，是可以喝的。反过来讲，只有马桶中的水达到可以喝的洁净程度，才算是把马桶抹洗得"光洁如新"了，而这一点已被证明可以办得到。

同时，他送给她一个含蓄的、富有深意的微笑，送给她一束关注的、鼓励的目光。这已经够用了，因为她早已激动得几乎不能自持，从身体到灵魂都在震颤。她目瞪口呆，热泪盈眶，恍然大悟，如梦初醒！她痛下决心："就算一生洗厕所，也要做一名洗厕所最出色的人！"

从此，她成为一个全新的、振奋的人。从此，她的工作质量也达到了那位前辈的高水平，当然她也多次喝过厕水，为了检验自己的自信心，为了证实自己的工作质量，也为了强化自己的敬业心；从此，她很漂亮地迈好了人生第一步；从此，她踏上了成功之路，开始了她不断走向成功的人生历程。

几十年光阴一瞬而过，如今她已是日本政府的主要官员——邮政大臣。她的名字叫野田圣子。

（佚名）

四天的奇迹

成功总是青睐意志坚定、精力充沛、行动迅速的人。这种人不但善于做出决定，而且善于执行决定。

一位到澳大利亚求学的中国留学生在刚到澳大利亚的时候，为了利用业余时间寻找一份能够减轻学费的工作，他骑着一辆破旧的自行车沿着环澳公路走了好几天，替人放羊、割草、收庄稼、洗碗……只要能给一口饭吃，他就会暂且停下疲惫的脚步。

一天，在唐人街一家餐馆打工的他，无意中看见报纸上刊登了澳洲电讯公司的招聘启事。这位留学生担心自己英语不地道，专业不对口，就选择了应聘线路监控员的职位。

在经过一番过关斩将地激烈竞争后，终于只剩下了他一个人。眼看他就要得到那个年薪3.5万澳元的职位了，不想招聘主管却出人意料地问他："你有车吗？你会开车吗？我们这份工作要时常外出，没有车寸步难行。"

要知道在澳大利亚公民普遍拥有私家车，无车者寥若星辰，可这位留学生初来乍到，还真是无车族。为了争取到这个极具诱惑力的工作，他不假思索地回答："有！会！"

"那好，四天后，开着你的车来上班。"主管说。

四天之内要买车、学车谈何容易，但为了生存，留学生豁出去了。他在华人朋友那里借了一些钱，从旧车市场买了一辆快被市场淘汰的"甲壳虫"。

第一天他跟华人朋友学简单的驾驶技术；第二天在朋友屋后的那块大草坪上模拟练习；第三天歪歪斜斜地开着车上了公路；第四天他居然驾车去公司报到了。

现在，他已是"澳洲电讯"的业务主管了。

（佚名）

"完美"的计划

不能成功的原因不是因为计划不周全，也不是因为准备不足，而是根本就没有勇气用行动来实现理想。

在法国南部一个很小的城市里，住着一群十分聪明的人。这些人从来没有离开过小城，他们一直都以为小城就是上帝最钟爱的地方，而且认为这个小城也是最美丽最富饶的地方。

后来，有一位外地的客商路过小城，当他得知小城中人们的想法时，他大笑着说："这个城市只不过是一个小得极不起眼的地方而已，世界可是大得很，在这个城市之外还有很多地方比这个城市更美丽、更富饶。"

客商还将自己随身携带的地图展开让小城中的几位最聪明的人看。客商还建议他们："你们真应该走出小城到其他地方看一看，一个人一生只待在这么一个小地方真是太可惜了。"

听了客商的话，小城中的人们决定出去走一走，开开眼界，看看外面的世界到底是什么样子。

有了这个想法之后，他们决定在出发之前做一份周全的计划，因为大家都没有出过远门，更没有离开过这个小城市，如果没有一份周全的计划，那

一旦遇到问题就麻烦了。于是他们根据客商的描述制订了一份内容详尽的计划。计划的内容包括要去的地方、需要准备的物品，还有预定的返回期限，等等。

后来客商离开了小城，留给了他们一本关于旅行的书。根据这本书介绍的内容，他们感到最初制订的那份计划太不周全了，于是又加入了一些条款，比如具体的出行路线、乘坐怎样的交通工具。在需要准备的物品的一项中，他们又补充了许多过去没有想到的物品。

经过几次修改和完善，他们终于有了一份完整的出行计划，可还是不能立即出发，因为出行计划上罗列的许多东西他们还没有准备好。

路上需要的水、食品和衣物等很快就筹备好了，可是客商给他们留下的书中介绍的地图还是没有，而且小城没有卖地图的地方。

由于从来没有走出过小城，所以他们只能从外面来的一些商贩手中购买地图。终于有商贩来了，人们从商贩手中买了好几份地图。不过商贩告诉他们，如果想到更远的地方旅行最好用地球仪，于是他们又等待卖地球仪的商贩进城。

就这样，他们等到了地球仪。在买了地球仪之后，他们发现还需要火车时刻表，因为他们担心坐火车时错过上车时间。

在有了火车时刻表之后他们又发现还需要指南针，到了陌生的地方弄不清方向那可是一件可怕的事情……

在这些东西都准备好了之后，他们觉得还需要一个行李箱，因为带着如此零零碎碎的东西，如果没有一个结实又漂亮的行李箱，那也是无法出行的。

于是，人们又找到城里一位手艺精湛的木匠制作了一个既结实又漂亮的行李箱。发现没有锁出门不安全时，他们又找铁匠打了一把十分保险的锁……

等人们把一切都准备好之后，他们才发现自己早已经年老力衰，根本没有足够的力气实施当年制订的计划了，况且他们当初的那份雄心壮志早已被时间消耗殆尽了，最后他们不得不老死在小城中。

（佚名）

自己解决一切困难

靠谁都不是长久之计，一切困难最终都要自己解决。"

20 世纪 30 年代，松下幸之助曾经与国道电机工厂合作生产收音机。可是第一批产品投放到市场后却退货如山，批评如潮。幸之助急忙找到国道电机厂的老板，要求他改进技术，没想到老板却傲慢地说："如果制造收音机像你说得那么简单，就谁都能做了！"

幸之助最终很无奈，十分生气地离开国道电机厂。之后他便找到自己厂子里的技术员中尾哲二郎，说："中尾君，目前松下收音机的事你也知道了，我希望你带头开发零故障收音机。拜托了！"

中尾为难地说："这我可是外行，一点儿基础没有，可怎么开发呀？"

幸之助说："你必须做到，不会就学，先买些收音机分解研究，一定能做成的。"

中尾接受任务后，马上带领一班人马，开始夜以继日地研究、设计。经过反复检测、制造，几个月后终于成功了。他们研制出的收音机在日本广播协会取得第一名的好成绩，产品投放到市场以后，很快以质量优、性能好而独占鳌头，稳稳当当地占领了国内市场。

大家都欢呼着，向幸之助祝贺，幸之助感慨地说："靠谁都不是长久之计，一切困难最终都要自己解决。"

（佚名）

亚历山大的方法

"想得好是聪明，计划得好更聪明，做得好是最聪明又最好。

公元前223年的冬天。

那一年，马其顿亚历山大大帝进兵亚细亚。当他到达亚细亚的弗尼吉亚城时，听说城里有个著名的预言。

几百年前，弗尼吉亚的戈迪亚斯王在其牛车上系了一个复杂的绳结，并宣告谁能解开它，谁就会成为亚细亚王。

那以后，每年都有很多人来看戈迪亚斯打的结。武士和王子们更是试图解开这个结，让自己成为亚细亚王。可是，大家连绳头都找不到，他们甚至不知道从何处着手。更多的人都是知难而退，从没有一个人静下心来想方设法解开这个难解之结。亚历山大对这个预言非常感兴趣，便要人带着自己去看这个神秘之结。这个神秘之结仍旧完好地保存在朱皮特神庙里。亚历山大仔细观察着这个结，许久许久，始终连绳头都找不着。

看来，这个戈迪亚斯王的确很有心思，头脑真是灵活，竟然设了一个无绳头的死结。亚历山大并不想这样放弃。这时，他突然想到：为什么不用自己的行动规则来解开这个绳结呢？于是，亚历山大果断地拔出剑来，对准绳结，狠狠地一剑把绳结劈成了两半。这个保留了数百载的难解之结，就这样轻易地被解开了。

或许，这就是那个绳结唯一的解开之法。因为解开它的人，必定是个不墨守成规，认清目标能够果断行动的人。这样的人，必然能够有所作为，那么，亚历山大能够成为亚细亚王也是自然而然的事情了。

（佚名）

幸福的永世法则

天下没有不劳而获的东西。

从前，有一个国家人民丰衣足食，安居乐业。深谋远虑的国王却担心当他死后，人民是不是也能过着幸福的日子。于是他召集了国内的有识之士，命令他们找寻一个能确保人民生活幸福的永世法则。

一个月后，三位学者把三本六寸厚的帛书呈给国王说："国王陛下，天下的知识都汇集在这三本书内，只要人民读完它，就能确保他们的生活无忧了。"

国王不以为然，因为他认为人民不会花那么多时间来看书。所以他再命令这些学者继续钻研。两个月内，学者们把三本书简化成一本书。国王还是不满意。一个月后，学者们把一张纸呈上给国王。

国王看后非常满意地说："很好，只要我的人民日后都真正能奉行这宝贵的智慧，我相信他们一定能过上富裕幸福的生活。"说完后便重重地奖赏了学者们。

原来这张纸上只写了一句话：天下没有不劳而获的东西。

（佚名）

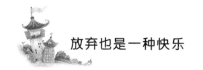

一匹偷懒的马

　　成功者懂得为自己的行为负责。没有人能促使你成功，也没有人能阻挠你实现自己的目标。

　　两匹马各拉一辆大车。前面的一匹走得很好，而后面的一匹常常停下来。于是人们就把后面一辆车上的货挪到前面一辆车上去。等到后面那辆车上的东西都搬完了，后面那匹马便轻快地前进，并且对前面那匹马说："你辛苦吧，流汗吧，你越是努力干，人家越是要折磨你。"

　　来到车马店的时候，主人说："既然只用一匹马拉车，我养两匹马干吗？不如好好地喂养一匹，把另一匹宰掉，总还能得到一张皮吧。"

　　不久，他就这样做了。

　　可见懒惰是要受到惩罚的、饱食终日无所事事的人，必然不可能享受到收获的快乐。如果想登上成功之梯的最高阶，你得永远保持主动率先的精神，即使面对缺乏挑战或毫无乐趣的工作，最后也能获得回报。当你养成这种习惯，你就有可能成为老板和领导者。

　　那些成就大业的人和凡事得过且过的人之间最根本的区别在于，成功者懂得为自己的行为负责。没有人能促使你成功，也没有人能阻挠你实现自己的目标。

（佚名）

梅斯纳尔的秘密

要想登高，首先就要从低处开始。注重抑或忽略，都会成为你成功或者失败的关键。从低处开始，这不仅仅是一个规则，更是为人做事的大智慧。

在世界登山运动史上。被称为登山"皇帝"的梅斯纳尔创造了前无古人的壮举。他登临了 14 座 8000 米以上的高峰。更值得一提的是，他是唯一一个真正单人，不携带氧气设备，在季风后期攀登珠穆朗玛峰的人。

外人看来，梅斯纳尔的每一次攀登，都是危机四伏的"死亡之旅"。在海拔 8000 米的高度上，人类的生理机能将会发生紊乱；继续向上攀登，大多数普通的登山者会因为空气稀薄而死亡。令人不可思议的是，梅斯纳尔不借助任何设备，把那些神秘莫测、险象环生的世界高峰轻松地踩在脚下。

在梅斯纳尔之前，那些登临高峰的人们，无一例外携带一套又一套繁重的登山绳索和氧气瓶之类，并逐步建立高山营地，借助众多身强力壮的当地向导。但是在梅斯纳尔的登山生涯中，他依靠的仅仅是自己。由此，人们又不无疑问，梅斯纳尔何以能够依靠的仅仅是自己？

梅斯纳尔和他登山的方式，令登山爱好者们着迷。是不是梅斯纳尔独赋异禀？瑞士医生奥斯瓦尔多·奥尔兹通过测试认为："与一般登山者相比较。梅斯纳尔的生理机能并没有任何超常之处。"

无数人从不同的角度探寻着梅斯纳尔成功的秘诀。最终还是梅斯纳尔自己揭开了谜底。梅斯纳尔的秘密就是：从低处开始。一般的登山运动者，目标选定之后，为了保存体力，都会选择乘直升机抵达山前的最后一个小镇，成与败的关键恰

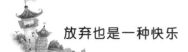
恰在此。直接乘直升机抵达大本营对于身体的调节是不利的,这种看似直达目的地的方式,忽略了身体机能与环境磨合的契机。与此相反,梅斯纳尔坚持徒步到大本营,从低处就开始调节身体,调节呼吸的节奏来应对空气密度的改变。

选择低处作为出发点,正是梅斯纳尔独特的经验和智慧。

（佚名）

梦想不是做梦

不要畏惧前方的路有多么艰险，只要行动起来，就没有不能实现的理想。

几年前，米高被派到乡村从事福利工作。他要做的就是让每个人相信自己有能力养活自己，并激励他们去实现自己的想法。

当米高来到一个叫密阿多的小镇后，当地政府帮他召集了25个靠政府福利生活的穷人。米高和他们一一握手后,问他们的第一个问题是:"你们有什么梦想？"每个人都用怪异的眼神看着米高，好像他是外星人一样。

"梦？我们从来不做梦。做梦又不能让我们发财。"其中一个红鼻子寡妇回答道。

米高耐心地解释道："有梦想不是做梦。你们肯定希望得到些什么，希望什么事情能突然实现，这就是梦想。"

红鼻子寡妇说："我不知道你说的梦想是什么东西。我现在最想赶走野兽，因为它们总是想闯进我家咬我的孩子。"大家都笑了起来。

米高说："哦！你想过什么办法没有？"她说："我想装一扇牢固的、可以防御野兽的新门，这样我就可以出去安心干活了。"

米高问："有谁会做防兽门吗？"

人群中一个有些秃顶的瘸腿男人说："很多年以前我自己做过门，现在恐怕都不会了。不过我可以试试。"

接着，米高问大家还有什么梦想。一位单亲妈妈说："我想去大学里学文秘，可是没有人照顾我的 6 个孩子。"米高问："有谁能照顾 6 个孩子？"一位孤寡老太太说："我以前帮助别人带过不少孩子，我想自己能带好那些可爱的小家伙。"

米高给那个秃顶男人一些钱去买材料和工具，然后让这些人解散了。一星期后，米高重新召集那些穷人。

他问那个红鼻子寡妇："你家的防兽门装好了吗？"

红鼻子寡妇高兴地说："我再也不用在家守护我的孩子了，我有时间去实现我的梦想了。"

接着，米高问秃顶男人感想如何。他对米高说："很多年前我给自家做过防兽门，当时做得也不好，后来我就再也没有做过。这次我想一定要做好，结果真的做好了。许多人都说我很了不起，能做那么结实漂亮的门。"

（佚名）

事情有时就这么简单

真理有时候很简单，许多看似不可思议的事情，往往是最为简单而又合理的。所以，只管相信最简单的，最合理的就好。

有一个退休老人，十分喜欢读报纸。这天，他在《纽约时报》的醒目处看见了一则广告。广告中称，要以一美元的价格出售某海滨城市的一幢豪华别墅，后面还留了联系电话及别墅的详细地址。

"一美元的豪华别墅？"老人看了笑着摇了摇头。在这个年代，一美元还能买下什么？

第二天，老人又在报纸上看见了这则广告，他仍旧摇了摇头，把报纸扔在了一边。就这样，这则广告连续刊登了一个月。看来，所有人都像这个退休老人一样，不相信存在这个标价一美元的豪华别墅。可是，这则广告刊登了一个月之久，倒让这个退休老人有了一探究竟的想法。

于是，他按照报纸上刊登的地址，找到了那幢豪华别墅。

那还真是一幢相当豪华的别墅，靠海、向阳、有花园草地，而且按照报纸所说，只售一美元。这栋别墅果真以一美元的价格出售？为了一探究竟，老人按了门铃。开门的是一个老妇人，老人连忙询问这栋别墅是不是只售一美元。

"对，这幢别墅只售一美元。"老妇人微笑着说道。

"能冒昧地问您，这样的豪华别墅为什么只售一美元吗？"老人对此十分好奇，生怕有什么陷阱。

老妇人稍微迟疑了一下，还是道出了其中原委。原来，这幢别墅是妇人的丈夫留下的遗产。他在遗嘱中交代，自己的所有财产归妻子所有，但这幢别墅出售后的所得归自己的情人所有。老妇人对此十分伤心，她没想到丈夫竟然会有情人，一气之下决定将这幢豪华别墅以一美元出售，然后按法律规定将所得的一美元交给丈夫的情人。

听了这个缘由，老人实在是喜出望外。

"我能买下这幢别墅吗？"老人掏出了一美元，打算立即将别墅买下来。

"对不起，您来晚了几分钟。您看，那位先生正在和我签订合同，我这幢别墅已经出售给他了。"

老妇人说完，用手指了指桌子旁边一个正在埋头写字的人。

老人的心一下子被深深的懊悔所包围了，他不断地责怪自己没有早一点儿赶来，以至于错过了这样的大好机会。

不要用怀疑的眼睛去审视一切。有时候，一美元也能够买下一幢靠海、向阳、有花园草地的豪华别墅。只是，倘若你用怀疑的眼睛去审视一切，往往会因此失去了机会。

由于我们有怀疑一切的眼睛，以致让我们失去了机会。有人曾问存在主义哲学家萨特对人生有什么感悟，他回答："我来了，我做了，仅此而已！"真理有时就这么简单。

（佚名）

海 难

我们必须珍爱友谊。友谊是最可贵的财富，缺乏友谊会让我们过着空洞无味的生活。

几年前12月份的某一天，一艘轮船从英国利物浦港启航，向地中海马耳他岛驶去。船上共有200人，其中船员70人，船长和大部分船员都是英国人。旅客当中有几个意大利人，三个绅士，一个神父，一个乐手。启程时天气很不好。

三等客当中，有一个12岁的意大利少年。以他的年龄来说，身材虽然矮小些，却长得很结实。他脸色棕黄，波浪形的黑发披在肩上，是个西西里脸型的坚强勇敢的美少年。他穿一件粗布衣服，披着有补丁的斗篷，腰间系着一个皮袋，身旁放着一个破旧的提包，独自坐在桅杆旁卷着的缆绳上，忧悒地望着周围来往的旅客和水手，望着海上的船只和汹涌的海浪。好像他家里新近遭受了什么变故似的，脸型还是少年，而表情却像个成年人了。

轮船出港不一会儿，一个头发花白的意大利籍水手，陪着一个女孩来到这西西里少年旁边，向他说："马利奥，让她给你做个伴吧！"说完就匆匆走开了。女孩在少年对面缆绳上坐下，彼此面对面地看着对方。

"你到哪里去？"少年问。

"到马耳他，再到那不勒斯去，我父母在那里等我。我叫朱莉塔·法嘉妮!"

他从皮袋里拿出面包和干果来吃,女孩也拿出饼干来吃。

刚才来过的意大利水手慌忙地跑去,一边指着远方向他们说:"注意啦,危险的时刻就要到来了!"

风势渐渐加大,船身摇摆着向前驶去。他们并不晕船,仍在那里谈着。朱莉塔的年龄和马利奥差不多,却长得比他高,脸色棕黄,身材窈窕,显得有点瘦,短短的卷发上包着红头巾,戴着银耳环,穿着朴素。

两人一面吃,一面互谈身世。男孩没有父母。父亲原在利物浦做技工,几天前死去了。孤儿受意大利领事照顾,买了船票,送他回故乡巴勒莫的远房亲戚家去。女孩因为家里贫穷,两年前被送到伦敦,寄养在寡居有病的婶母家里,婶母很爱她。她父母私下里希望婶母亡故以后,分给她一些遗产。几月前,婶母被马车撞伤,不治身死,没有留下分文遗产。于是,她又请求意大利领事送她回家。他们两人都是托那位意大利水手照料的。

朱莉塔说:"因此,我的父母还以为我能带些钱回去呢。其实,一个钱也没有。不过,父母和弟妹们还是爱我的。我有四个弟弟,都还小,在家里我是老大,每天照料他们,我回去他们一定很高兴的——呀!风浪好大呀!"

又问男孩子:"你回去就住在亲戚家吗?"

"是的,只要他们愿意收留我。"

"他们待你怎样?"

"现在还不好说呢!"

"我到圣诞节就满13岁了。"

他们就这样坐在一起,整天有一搭没一搭地谈着海呀,船上的旅客呀,等等。女孩子编着袜子,男孩子则沉思着,旁人看来还以为他们是姐弟呢。

这时天色已晚,海浪更凶猛了。他们回舱睡觉的时候,朱莉塔对马利奥说:"晚安!祝你好梦!"

"谁都得不到好梦了哩!我的孩子!"船长去叫意大利水手,恰好经过这里,便对他们说。

马利奥正想向朱莉塔回答"晚安"的时候,忽然一个大浪猛袭过来,把他掀倒在甲板上。

朱莉塔慌忙跑过来叫道：“唉呀！你额上出了血呢！”

旅客们只顾自己回舱躲避，顾不得他们。朱莉塔跪伏在马利奥身边，替他拭去额上的血，又解下自己的头巾，替他包上。打结时，把他的头紧紧抱在自己胸前，她黄色的上衣也染了血迹。马利奥摇晃着站起来。

“好些了吗？”朱莉塔问。

“好多了！”马利奥回答。

“晚安睡吧！”

“晚安！”

两人回到各自的双层舱位去。

水手的预言不幸言中了。才躺下一会儿，一阵可怕的台风夹着大浪，势如奔马地猛袭过来，一根大桅杆轰然折断，挂在滑车上的三只救生艇随风飘去，船尾四头水牛也像几片树叶似的被大浪冲下海去，无影无踪。船上的人有的发出恐惧的呼喊，有的在向天祈祷，一片喧闹声和哭声在暴风雨的呼啸中升腾起来。

暴风雨猖狂了一整夜，拂晓时越来越厉害，如山的巨浪从横向打过来，把甲板上的器物都卷到大海里去了。轮机房的挡板被冲破了，海水怒吼着灌进来，炉里的火被浇熄，轮机工也离开了，船没有了动力，在海上漂流。这时船长大声命令船员：“快摇水泵排水！”

船员们正要冲到水泵房去，忽然又一个狂浪从船尾打过来，把舱板、舱口统统打破，海水哗哗地从破洞涌入。

旅客们知道形势已危在旦夕，纷纷到大厅里躲避。船长出来了。

“船长，怎么办？现在情况怎样？还有希望吗？快想办法救我们吧！”

船长冷静地说：“听天由命吧！”

“我的天哪！”一个女子望着黑云密布、暴风骤雨的天空，祈祷上帝。

全船的人面如土色，一言不发，整个好像一座坟墓。大海继续怒吼，船身已经倾斜。船长下令试放一只救生艇下去，五个水手下去了，谁知一个大浪就把小艇吞没了，五个水手失踪了两个，那个意大利籍水手也在内。其余三个冒死沿着绳梯爬上来。

所有的水手都绝望了。船已沉到舱边的圆窗,甲板上出现一幕十分恐怖的景象。母亲们把孩子紧抱在胸前,流着绝望的眼泪;朋友们拥抱着互相道别;有些人因为不忍看这种惨状。掩面回到舱里等待下沉;有一个旅客竟用手枪自杀,应声倒下;许多人疯了似的抱在一起,痉挛着打滚。人们发出小孩那样的尖锐奇怪的哀叫,有的则像石像一样呆立着,眼睛茫然无神,好像已经死了疯了。朱莉塔和马利奥抱着桅杆,瞭望着远处,看是否有大船可以搭救他们。这时,风浪虽然稍为减弱,可是船身眼看就要沉没,只有几分钟的时间了。

"把那条救生艇放下去!"船长下达最后的命令。

唯一的救生艇下水了。14个水手和三个旅客下到艇上。水手们在下面喊:"船长! 快下来!"

"我要与船共存亡!"船长回答。、

"也许能遇到别的船救我们呢! 快下来吧,再迟就赶不上了!"水手们一再叫唤。

"我要留下!"

于是,水手们便向别的旅客说:"还可以坐一个人,一个女的!"

船长扶着一个妇女过来。可是,救生艇离船太远,她不敢跳下去,瘫倒在甲板上。别的妇女也不敢跳。

"那就送个小孩过来!"水手喊。

原来紧紧抱着桅杆、化石般地发呆的西西里少年和他的同伴,听到这叫声,都跑过来,齐声叫道:"载我!"但马上又转过身来推另一个的背,好像发怒的野兽。

"要小的,我们已经超载了! 要小的!"水手在下面喊。

朱莉塔听了,好像触电似的停下,失神地望着马利奥。马利奥也望了她一下,看见她紧身胸衣上的血迹——他脸上闪出一道圣洁的光辉。

"要小的!"水手不耐烦地再一次喊着,"我们要离开了!"

马利奥用几乎不像是他自己的声音叫道:"她比我轻! 应该是你,朱莉塔! 你有父母,而我只是个孤儿! 我让你,去吧!"

"把那女孩抛下来!"水手喊,马利奥一把抱了朱莉塔,抛到海里。

那女孩"呀"地叫了一声,便落到水里,一个水手把她拉上艇去。

马利奥站在船边,昂起头,海风吹乱了他的卷发,他岿然不动,镇定、崇高。

救生艇迅速地驶开，以免陷入轮船下沉时的漩涡而颠覆。

女孩从迷惘中醒过来，抬起眼睛望着马利奥，泪水泉涌，张开双臂向马利奥高呼："别了！马利奥！别了！别了！"

"别了！"马利奥扬起手向朱莉塔告别。

救生艇在黑云密布的天空下，迅速随波飘去，轮船上再也没有一个人叫喊了。海水已淹没到甲板边缘。

马利奥朝着救生艇的方向突然跪下，合掌望天祈祷！

女孩用手遮着脸。当她抬起头来再望一眼大海时，轮船已经不见了。

（佚名）

一鸣惊人

蓄积能量，为之后的一鸣惊人做充分的准备。

公元前 613 年，突然得了暴病的楚穆王死了，王位传给了后来大名鼎鼎的楚庄王。

楚庄王登上王位已经三年了，但是他整天饮酒作乐，不理朝政，并下命："凡进谏者，杀无赦！"

一天，有个叫伍举的大夫对楚王说："我听别人说了一个谜语，但我始终没有猜出答案，特地来请教一下大王。有一只五彩缤纷的大鸟一直住在楚国的京城，整整三年，既不振翅飞翔，也不高声鸣叫，所有的人都很奇怪，大王您说这是一只什么鸟呢？"这些话的含意，楚庄王一听就都明白了，他笑了笑说："这一只大鸟，你不知道，它不飞则已，一飞就会冲到天上去，它不鸣则已，一鸣就会惊动众人，你慢慢等着瞧吧！"

可是几个月之后，楚王一如既往地享乐，荒废朝政。大夫苏从实在忍无可忍，又去进谏。他嚎啕大哭着走进宫门，楚庄王问他："你为什么这么伤心啊？"面对着杀头的危险，苏从毫不畏惧，直言进谏："您贵为楚国一国之君，却贪图享受，不思进取，长此以往，国家就要毁了！"庄王听了以后非常生气，他抽出宝剑，要杀苏从。苏从毫无惧色，直言不讳："现在楚国一片混乱，我活着也没什么意思了，请大王杀了我吧！"见他一身正气，怒目圆睁，楚王激动地从座位上站起来说："我听从大夫的一片忠言！"于是，他解散了所有的乐队和舞女，立志做出一番事业来。

楚王首先从政治入手，他起用了伍举、苏从等人才，让他们担任要职。在改革政治的同时，楚王也积极地扩充军队，加强对军队的训练。在他登上王位的第六年，他派兵把庸国灭掉了，并且战胜了宋国。到第八年，又战胜了犬戎。这些都大大地振作了楚国的势力和声威。

公元前598年，也就是周定王九年，趁着陈国发生内乱的时机，楚国出兵把陈国降服了。第二年，楚庄王亲帅军队去攻打晋国的保护国郑国，对此，晋国定然不会袖手旁观，同年夏天，苟林父为晋国大将，在晋景公的命令下率领着600辆兵车，浩浩荡荡地开往郑国进行援救。

在今河南省郑州东部，两国军队展开了激战，晋军最终不敌楚国，战败了。

这场战争，使晋国600辆兵车几乎全军覆没，晋国从此再也无法与楚国抗衡。楚庄王三年不鸣，最终果然一鸣惊人。他成为了齐桓公、晋文公、秦穆公之后的第四位诸侯国霸主。

（佚名）

每个孩子都很出色

只有合作才能发挥个体不具有的力量，才能拥有大于个体的力量。

法国的一个学生夏令营访问内地一所学校，在那所学校里，中法两国的孩子进行了交流表演。

这所学校的教育以艺术见长，孩子们会钢琴、笛子、二胡、吉他等多种乐器。内地孩子们的表演很出色，孩子们发挥了自己最好的水平，许多高难度的曲子也被孩子们演绎得行云流水。这让法国来的老师和学生有些疑惑。

演奏结束，法国孩子的带队老师一脸疑惑地问："你们怎么会有那么多的独奏演员？"

校长说："因为我们的每个孩子都很出色。"

法国老师仍然一脸迷惑。

轮到法国孩子表演了，一共六个节目，没有一个节目是独奏表演，所有的演奏均有多个孩子参与。

这下轮到校长迷惑了。

他问法国老师："孩子们是不是特别喜欢合奏？"

法国老师说："对，合奏需要配合，需要更高的艺术修养。合奏表现的音乐氛围，独奏是无法表现出来的。"

法国老师继续问校长："你们学校中有那么多的独奏演员，他们都有上台表演的机会吗？你们真的需要那么多的独奏演员吗？"

对于法国老师的提问，校长觉得莫名其妙。让孩子学音乐，当然希望能像莫扎特一样成为出色的独奏演员，而不是庞大乐队中的一个。

法国老师说："真不可思议，你们的孩子学音乐是为了让自己出名。"

在法国老师的要求下，校长把所有孩子集合起来，为法国孩子合奏一曲《莫斯科郊外的晚上》。结果，法国老师听着听着就皱起了眉头，而校长也满脸尴尬。因为，这些独奏表现出色的孩子，在合奏这首简单的曲子时，曲调竟然一团糟。

（佚名）

谁会得到幸运女神的眷顾

我们都曾为自己没能抓住机遇而追悔莫及。做事犹豫不决是我们攫取机会的最大障碍。

阿卡德不断地要求国王继续选派前来听课的人。是否真的有什么方法能够让我们得到幸运女神的眷顾呢？

大多数人会立即想到赌桌。然而，赌钱的人往往会发现，自己赢钱的几率总是很小，幸运女神仿佛更偏向于赌场的庄家。"有没有人仔细研究过庄家赢钱的几率有多大？"阿卡德说道，"至今为止，我从未听说哪个人是通过这种方法走上致富之路的。"

"通过自身努力来获得金钱，这难道不是再自然不过的事情吗？我们为什么不能抓住眼前的时机，反而为那些不属于我们的东西而扼腕叹息呢？毕竟凭一时的幸运使自己致富的例子并不多见啊。

"幸运女神只会光顾那些懂得如何把握时机的人。

"如果想得到胜利女神的眷顾，首先要懂得如何把握时机。

"敢于行动的人永远都是幸运女神的宠儿。"

（佚名）

想叫你说第一句话

真爱面前无输赢，有时行动的力量更甚过言语的表白。

有一对夫妻，两个人平日相处融洽，恩恩爱爱，可一旦吵起嘴来谁都不让步，而且还有个不言而喻的默契：吵嘴后谁也不先找谁说第一句话，谁先说话就意味着谁输。有理也算输。

一天晚上，夫妻俩已上床就寝。不知怎么，两人为家庭某件琐事吵嘴。吵到厉害时，妻子气呼呼地踹丈夫一脚说："滚，滚到沙发上去睡。"

半夜，风雨大作，天气骤凉。妻子再也无法入睡，她暗暗心疼丈夫了。睡在沙发上什么也不盖还不冻坏？妻子抱起一床毛毯走到外屋一把推醒丈夫，自己也不说一句话，把毛毯往桌子上一放就回了屋。

第二天早晨，妻子进屋一看，丈夫还躺在沙发上呼呼大睡。毯子原封不动地放在桌子上。妻子火冒三丈，拧住丈夫的耳朵，骂道："困死了困死了，干嘛不盖毯子？"

丈夫被拧得嗷嗷乱叫，还嬉皮笑脸地说："嘿嘿，毯子是我刚刚叠好的。"

妻子气呼呼地又问："为什么耍花招？"

丈夫仍旧笑模笑样地说："我想……想叫你说第一句话。"

（佚名）

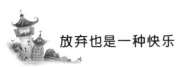

母亲的珠宝

"他们就是我的珠宝。难道他们不比你的珠宝更贵重吗？"

在几百年前的罗马城，两个孩子正在清晨的阳光下快乐地玩耍，他们的母亲康妮黎亚过来对他们说："亲爱的孩子，今天有一位富有的朋友要来我们家做客，她还会向我们展示她的珠宝。"

下午，那个富有的朋友来了。金环在她手臂上闪烁着耀眼的光芒，手指上的戒指闪闪发光，脖子上挂着金项链，发髻上的珍珠饰品则发出柔和的光。

弟弟感叹地对哥哥说："她看起来如此高贵，我从没有见过这么漂亮的人。"

哥哥说："是的，我也这样觉得！"

他们羡慕地看着客人，又看看自己的母亲。母亲只穿了一件朴素的外套，身上没有任何珍贵的饰品。但是她和善的笑容却照亮了她的脸庞，远胜于任何宝石的光芒。她金棕色的头发编成了一条长长的辫子，盘绕在头上像是一顶皇冠。

"你们想看看我其他的珠宝吗？"富有的女人问。

她的仆人拿来一只盒子并放到桌上。这位女士打开盒子，里头有成堆的像血一样红的红宝石，像天一样蓝的蓝宝石，像海一样碧绿的翡翠，像阳光一样耀眼的钻石。

这对兄弟呆呆地看着这些珠宝："要是我们的母亲能够有这些东西该多好啊！"

客人炫耀完自己的珠宝之后，自满而又怜悯地说："告诉我，康妮黎亚，你真的这么穷吗？什么珠宝都没有吗？"

康妮黎亚坦然地笑道："不，我当然有珠宝，我的珠宝比你的更贵重。"

客人睁大了眼睛："是吗？快拿出来让我看看吧！"

母亲把两个男孩拉到自己的身边，她微笑着说："他们就是我的珠宝。难道他们不比你的珠宝更贵重吗？"

这两个男孩，特贝瑞斯和卡尔斯永远不会忘记他们母亲当时脸上骄傲的表情以及深深的爱意。数年后，他们成为罗马伟大的政治家，但他们仍然常常忆起当年的这一幕。

(佚名)

脱离贫穷的七大要领

放开心中所有的羁绊，勇敢且无怨无悔的去寻找和追求自己的幸福和未来；

巴比伦曾有一位明君，他就是萨贡王。他始终有个疑问：为什么富人总是能够使自己富上加富，而穷人却只能越来越穷呢？恐怕所有的金子都从百姓的指缝流到富人囊中了。

"为什么只有少数人能够获得财富？"国王问道。

"因为他们懂得如何积累财富，任何人都不该对那些懂得怎样把金子积攒起来的人嗤之以鼻。"大臣回答说。

"那么巴比伦城内谁最精通致富之道呢？"国王问道。

"陛下，答案就摆在您面前，您不妨想想看，巴比伦最富有的人是谁呢？当然是阿卡德了。"大臣回答道。

第二天，萨贡王命人将阿卡德请来，想就如何积累财富这一话题进行一番探讨。

"你如何使自己积累了这么多钱，阿卡德？"国王问道。

"凭借一颗极度渴望获得财富的心，除此之外别无其他。"阿卡德回答道。

"那么，是否有通向致富之路的捷径呢？是否所有人都能学会这一秘诀呢？"国王继续问道。

"陛下，任何懂得致富之道的人都可以将这个秘诀传授给他人—那是个很实用的秘诀。"阿卡德回答道。

萨贡王非常高兴，他希望阿卡德能够将致富秘诀拿出来与世人共享。于是，他选派了一百位大臣向阿卡德学习致富的方法。

阿卡德站在众人面前，详细讲述了为什么大多数人年少时空有梦想却没能实现的原因。他将摆脱贫困的七大要领教给了他们：

第一、先让你的钱包鼓起来。

"如果你们将十枚硬币放进钱包里，那么你最多只能花九个，这样一来，不久之后你的钱包就会再次鼓起来。把它握在手里，感受着它日渐增加的重量，你会有一种满足感，你的灵魂也不再空虚。"

第二、学会做预算。

"学会做预算，免得不时之需时手足无措，除此之外，它可以使你在能够承受得起的范围内满足你的欲望。"

第三、让你的钱不断升值。

"让每一枚硬币的价值都发挥到极致，如果你能使它们像田地里的牲畜一样不断繁殖，金钱就会源源不断地流入你的钱包。"

第四、谨慎投资，避免损失。

"如果你的计划尚不成熟，千万不要盲目地进行投资，首先应该向智者请教，确定计划切实可行之后再付诸行动，智者的话可以使你的财产不受损失。

第五、拥有属于自己的房子。

第六、为将来做好准备。

第七、不断提升自己的赚钱能力。

"通过不断地学习努力提升自身的能力，不但要使自己变得更加聪明，还需要有实际技能，要相信自己确实具备这样的能力。"

最后，阿卡德强调说："朋友们，巴比伦有无数的黄金等待着你们去挖掘，黄金的数量远比你们梦想中的要多，它们足以使所有的人都丰衣足食。因此，放手去做吧！你们一定能行。"

（佚名）

真正的朋友

> 真正的朋友，往往不是那些锦上添花之辈，而是能够在你
> 危难之时雪中送炭之人。

一位老人即将不久于人世，临终前他把自己的儿子叫到病榻前。他告诉儿子，假若日后遇到危难，可以向自己的一个朋友求助。然后，老人颤抖着双手写下了那位朋友的地址，并要儿子细心保管。叮嘱完这些，老人放心地去了。老人的叮嘱让年轻人很有些摸不着头脑。年轻人有很多形影不离的好朋友，遇到危难又何必去求一个未曾谋面的人？很快，老人的叮嘱就被他忘在了脑后。

接下来的几年里，年轻人仍旧像老人在世时一样大把地花钱，不断宴请自己的朋友吃吃喝喝，当朋友遇到困难时他总是慷慨解囊。终于，老人留下来的钱财被他挥霍一空。无奈之下，他只得向自己曾帮助过的朋友们寻求帮助，结果朋友们全都摆出一副冷漠的面孔，拒绝了他的请求。

年轻人只得借了高利贷。借钱当然得还，没多久高利贷就向他讨债，由于对方恶语相向，他一时气愤便把对方打了个头破血流，惹下了大麻烦。当天夜里，他就到各个朋友家敲门求助，可是没有一个朋友愿意惹祸上身，有的朋友甚至连家门都不让他进。

心灰意冷的时候，他突然想起了父亲临终时留下的纸条，立即打点行装，寻找起那位未曾谋面的"朋友"来。

赶到这位"朋友"家时，年轻人很有些失望。父亲的这位朋友显然不富裕，但当他得知年轻人的遭遇时，立即决定相助。他走到屋子的一角，仔细地丈量了一番，拿起铁锨就挖了起来。很快，一个坛子露了出来，而坛子里竟然装着十几块闪闪发光的金币。

"这些金币是我毕生的积蓄，你全都拿去，用它们还清债务，剩下的钱你就想办法用它创造更大的财富吧。"父亲的朋友一边说，一边将金币送到了年轻人手中。

年轻人站在那里，愣了许久许久。

就这样，年轻人带着十几块金币走了。他还清了债务，用余下的钱做起了生意。渐渐地，他的生意越做越大，也变得越来越富有。眼见着他再次"发达"，以前的朋友竟然又主动找上门来。对于"朋友"的造访，年轻人一一拒绝了。因为他知道，真正的朋友，往往不是那些锦上添花之辈，而是能够在你危难之时雪中送炭之人。

（佚名）

我竭尽全力

如果你想要出类拔萃，仅仅做到尽力而为还远远不够，必须竭尽全力才行。

一天，德高望重的牧师戴尔·泰勒在西雅图一所著名的教堂里，向教会学校的学生们讲了下面一个故事。

一年冬天，猎人带着猎狗去打猎。猎人一枪击中了一只兔子的后腿，猎人觉得这只兔子已经是囊中之物了，于是便去寻找别的猎物。命令猎狗去追捕受伤的兔子。

兔子拼命地逃生，猎狗在其后穷追不合。可是追了一阵子，兔子跑得越来越远，最后消失的无影无踪。猎狗知道实在是追不上了，只好郁闷地回到猎人身边。猎人气急败坏地说："你真没用，连一只受伤的兔子都追不到！"

猎狗听了很不服气地辩解道："我已经尽力而为了呀！"

再说兔子带着枪伤成功地逃生回家了，兄弟们都围过来惊讶地问它："那只猎狗很凶呀，你又带了伤，是怎么甩掉它的呢?"

兔子说："它是尽力而为，我是竭尽全力呀！它没追上我，最多挨一顿骂，而我若不竭尽全力地跑，可就没命了呀!"

牧师讲完故事之后，又向全班郑重其事地承诺：谁要是能背出《圣经·马太福音》中第五章到第七章的全部内容，他就邀请谁去西雅图的"太空针"高塔餐厅参加免费聚餐。《圣经·马太福音》中第五章到第七章的全部内容有几万字，而且不押韵，要背诵其全文无疑有相当大的难度。尽管参加免费聚餐是许多学生梦寐以求的事情，但是几乎所有的人都浅尝辄止，望而却步了。

几天后，班中一个11岁的男孩，胸有成竹地站在泰勒牧师的面前，从头到尾地按要求背诵下来，竟然一字不漏，没出一点差错，而且到了最后，简直成了声情并茂的朗诵。泰勒牧师比别人更清楚，就是在成年的信徒中，能背诵这些篇幅的人也是罕见的，何况是一个孩子。泰勒牧师在赞叹男孩那惊人记忆力的同时，不禁好奇地问："你为什么能背下这么长的文字呢?"

这个男孩不假思索地回答道："我竭尽全力。"

16年后，这个男孩成了世界著名软件公司的老板。他就是比尔·盖茨。

（佚名）

国王的考验

如果你瞻前顾后，如果你习惯于犹豫不决，而不知道自己真正需要什么，那么你将永远不可能成功。

古代波斯（今伊朗）有位国王，想挑选一名官员担当一种重要的职务。他把那些智勇双全的官员全都招集了来，要试试他们之中究竟谁能胜任。

官员们被国王领到一座大门前，面对这座国内最大，来人中谁也没有见过的大门，国王说："爱卿们，你们都是既聪明又有力气的人。现在，你们已经看到，这是我国最大最重的大门，可是一直没有打开过。你们之中谁能打开这座大门，帮我解决这个久久没能解决的难题?"

不少官员远远张望了一下大门，就连连摇头。有几位走近大门看了看，退了回去，没敢去试着开门。另一些官员也都纷纷表示，没有办法开门。

这时，有一名官员却走到大门下，先仔细观察了一番，又用手四处探摸，用各种方法试探开门。几经试探之后，他抓起一根沉重的铁链子，没怎么用力拉，大门竟然被打开了！

原来，这座看似非常坚牢的大门，并没有真正关上。任何一个人只要仔细察看一下，并有点胆量试一试，比如拉一下看似沉重的铁链，甚至不必用多大力气推一下大门，都可以打得开。如果连摸也不摸，看也不看，自然在面对这座貌似坚牢无比的庞然大物时束手无策了。

国王对打开了大门的大臣说："朝廷那重要的职务，就请你担任吧！因为你没有限于你所见到的和听到的，在别人感到无能为力时，你能仔细观察，并有勇气冒险试一试。"

他又对众官员说："其实，对于任何貌似难以解决的问题，都需要开动脑筋仔细观察，并有胆量冒一下险，大胆地试一试。"

那些没有勇气试一试的官员们，一个个都低下了头。

（佚名）

学会充分利用时间

在生活中我们是不能够指望找到空闲时间的。

一次课上钢琴老师问我每天练习多少时间，我回答说一天三四个小时。

"每次连续弹很长时间吗？连续有一小时吗？"

"我尽力做到。"

"哦，不要这样，"他批评道，"你长大时，不要花大量的时间练琴。只要可能，利用几分钟时间进行练习，无论5分钟还是10分钟，无论是在上学前，还是在午饭后，或是在做家务的间隙。把练习分散在一天的时间里，这样弹钢琴就会成为你生活的一部分。"

我在教书时，想写点东西，但是教学、阅卷和委员会会议占据了我全部的时间。两年里我实际上没有任何东西落实在纸上，我的借口是没有时间。然后我想起了钢琴老师曾经说过的话。

第二个星期，我做了个实验，只要有5分钟空闲，我就坐下来写上百余字。令我吃惊的是，到了周末我已经有相当的手稿可供修改了。后来我用同样的办法写小说。尽管我的教学任务变得异常繁重，但是每天总能捕捉到几分钟的闲暇时间。我甚至又弹起了钢琴，发现每天用短短的间隔时间来写作和弹琴就足够了。

这样利用时间有一个诀窍，那就是你必须很快进入工作状态。如果你只有5分钟写作的时间，你就不能把4分钟的时间花在咬笔杆上。你必须事先有心理准备。几乎一有时间就全身心地投入工作。所幸的是，快速集中精力要比我们大多数人认识到的要容易得多。

我承认，我还没有学会在到了5分钟或10分钟的时候，便能轻易地放下所干的事情。但是，在生活中我们是不能够指望找到空闲时间的。钢琴老师对我的影响是很大的。多亏他发现，如果我能立即投入工作，哪怕是很短的时间累积起来也会变成十分有用的几个小时。

（佚名）

河流与微风

只有懂得变通，懂得顺应潮流，才能找到一条生存之道。学会转换思维，灵活地跨越生命中的各种障碍，对一个人的成长是至关重要的。

有一条河流从遥远的高山上流下来，流过了很多个村庄与森林，最后在一片大沙漠前停了下来。河流一直试图穿越这个沙漠，可是它发现，自己的河水正渐渐消失在泥沙之中。它试了一次又一次，总是徒劳无功。

"或许，这就是我的命运？我是不是永远也到不了传说中那个浩瀚的大海？"想到这里，河流的心里十分难过。

"如果微风可以跨越沙漠，那么河流也可以。"就在河流难过的时候，四周响起了一阵低沉的声音。原来这是沙漠发出的声音。

"那是因为微风可以飞过沙漠，可是我却不可以。"小河流很不服气地回答。

"因为你坚持你原来的样子，所以你永远无法跨越这个沙漠。你必须让微风带着你飞过这个沙漠，到达你的目的地。你要做的，就是放弃你现在的样子，让自己蒸发到微风中。"沙漠低沉地说道。

"放弃我现在的样子，然后消失在微风中？"河流有些不相信自己耳朵。

"是的。"

"不！不！"小河流无法接受这样的事情。叫它放弃自己现在的样子，那么不等于是自我毁灭了吗？

"微风可以把水气包含在它之中，然后飘过沙漠，等到了适当的地点，它就把这些水气释放出来，于是就变成了雨水。然后，这些雨水又会形成河流，继续向前进。"沙漠很有耐心地回答。

"那我还是原来的河流吗？"小河流有些动心了。

"可以说是，也可以说不是。"沙漠回答，"不过，你仍旧是你原来的样子，你内在的本质从来没有改变。"

原来，河流在变成现在的样子前，也是由微风带着自己，飞到内陆某座高山的半山腰，然后变成雨水落下，才变成今日的河流。于是，小河流终于鼓起勇气，投入微风张开的双臂，消失在微风之中，让微风带着它，奔向生命的海洋。

（佚名）

第二辑　学会放弃

不是所有东西都可以被放弃，也不是所有东西都值得坚持追求。勇于追求是一种精神，敢于放弃更是一种境界，学会放弃，会收获不一样的精彩。

没有解开的缆绳

那些绳索是自己在不经意间长年累月缠绑上去的，必须细心才能解开，旁人只能告诉你绳索的位置，而真正能解开的只有你自己。

有个人驾着一艘小船去参加朋友的婚宴。由于来客都是彼此熟悉的好友，酒席十分热闹，每个人都喝了不少酒。婚礼结束后，这个人向新郎告别，摇摇晃晃地走到停着小船的河岸边。

天色昏暗，他摸上船后，熟练而用力地摇桨。可是，划了半天他还没有抵达对岸，划着划着，就在浓浓的酒意下沉沉入睡了。

第二天一早，他在刺眼的阳光中醒来，睁开睡眼，一看四周景物才发现船仍停在原来的岸边，根本没有移动。他以为自己夜里撞见了鬼，吓得惊呼而起，没命地跳上岸边欲奔逃而去。

不料一上岸就被什么东西绊了一下，狠狠地摔了一跤，定神看去，原来是系船的缆绳。此刻绳结仍好端端地绑在码头的铁链上。

这些枷锁通常不易察觉，可是人却会深陷其中而无法自拔，言行举止完全被牵绊住了。这一股拉扯的力量，常常让人有心无力，人生的航程也因此而严重受阻。最可怕的是，这些桎梏隐藏着极大的杀伤力，并且会逐渐腐蚀心灵、磨损志气，等到生活变得一团糟时，往往还不知道原因在哪里。

只有解开隐藏着的桎梏与绳结，我们才能获得真正的自由，勇往直前，迈向光明之途。然而"解铃还需系铃人"，那些绳索是自己在不经意间长年累月缠绑上去的，必须细心才能解开，旁人只能告诉你绳索的位置，而真正能解开的只有你自己。

（佚名）

一个半朋友

你待朋友好与朋友待你好是两码事，如果向朋友苛求，那么你连半个朋友都得不到。

很久以前，有一个武林豪杰。他仗义行事，结交了很多好友。临终前，他告诉儿子说："我这一生在江湖闯荡，结交的人如过江之鲫，但实际上，我这一生就交了一个半朋友。"

一个半朋友？父亲的话让儿子纳闷不已。父亲见状，便给儿子讲述了关于朋友的要义。他告诉儿子说，一个朋友是最最难得的朋友，这样的朋友在你生死攸关的时刻，能与你肝胆相照，甚至不惜割舍自己亲生骨肉来搭救你；半个朋友虽不会舍身相救，但至少不会落井下石加害于你。

儿子听了还是云里雾里，于是父亲便要求儿子去见自己那"一个半朋友"。儿子先去了父亲的"一个朋友'那里。儿子告诉"一个朋友"说，自己正被官府追杀，情急之下前来投靠，希望能够予以搭救。"一个朋友"听了，立即叫来自己的儿子，把儿子的衣服脱下，换上了"朝廷要犯"的衣服。随后，"一个朋友"又给"朝廷要犯"穿上了自己儿子的衣服，并告诉他说："从今以后，你就是我的儿子！"

儿子又去了父亲的"半个朋友"那里，把同样的请求向"半个朋友"说了一遍。"半个朋友"听了，立即告诉他，这等大事他不敢帮忙，但是可以给他足够的盘缠，并且绝对不会告发他，让他远走高飞。

见过了这"一个朋友"与"半个朋友"，儿子终于明白了朋友的要义。朋友的交情有深有浅，你一辈子善待朋友，用心结交朋友，也很难能够结交到一个半朋友。交友要用心，但绝不可以苛求朋友给你同样的回报。倘若你正拥有着一个朋友，你该庆幸这是你的福气，不要以为这就是理所当然。

（佚名）

雅诗·兰黛

> 做人做事应该有长远的眼光。如果短暂的小损失能够换来长久的大利益，那么懂得适当的放弃就是最大的获得。

在化妆品帝国中，有一位名叫雅诗·兰黛的奇女子。她成功地左右了时尚界，她的香水成为全球家喻户晓的品牌。雅诗·兰黛之所以能够取得如此巨大的成绩，与她的聪慧密不可分。

雅诗·兰黛香水在远征欧洲大陆时遇到了很多麻烦，尤其是在进军法国市场时。法国人天生有着时尚眼光和独特的品位，对于化妆品柜台上的雅诗·兰黛的香水，她们连瞧都懒得正眼瞧一眼。不过，倒也有一些爱占小便宜的法国人假装试用产品，拿起柜台上的香水倒在身上便扬长而去。有些人甚至常常前来"试用"。

店员们十分讨厌这些专门的"试用者"，她们纷纷向雅诗·兰黛献计献策，希望能够制止这些贪便宜的人。

"我们可以贴标语，比如'本店设有监控设备，请自重'，这样她们就不会那么放肆了。"有店员这样建议。

"是个好办法！"店员们表示同意。

"我们还可以贴'法国是有文化的国家，请做有教养的人'，这样她们就不好意思总来试用了！"又有店员建议道。

"好！好！"店员们附和。

"不能贴标语。"雅诗·兰黛平静地说道，"我们不但不张贴警示语，反而要尽量让这些人用香水，不要在乎她们占的那点小便宜。"

"为什么？"店员们面面相觑。

"你们想，这些占小便宜的客人，整天带着我们的香水味到处走，无形中就会把香味带给真正的买家。不信你们等着瞧，真正的买家很快就会光临的。"雅诗·兰黛微笑着说道。

渐渐地，店里的客人果真一天比一天多了起来。她们不但买走了香水，还纷纷把它推荐给自己的朋友。

雅诗·兰黛的香水市场就这样迅速打开了，最终成为女人们最为钟爱的香水品牌之一。

（佚名）

学会放弃

　　不是所有东西都可以被放弃，也不是所有东西都值得坚持追求。勇于追求是一种精神，敢于放弃更是一种境界，学会放弃，会收获不一样的精彩。

　　有一天，苏格拉底带着他的学生打开了一座神秘的仓库。这座仓库里装满了散射着奇光异彩

　　的宝贝。这些宝贝不知道是什么时候存放在这里的，也不知道是谁存放的。更可贵的是，每件宝贝上都刻着清晰可辨的字纹，分别是：骄傲，妒嫉，痛苦，烦恼，谦虚，正直，快乐……

　　学生们看到这些异彩纷呈的宝贝，爱不释手。所有的宝贝都那么漂亮和迷人，学生们见一件爱一件，抓起来就往口袋里装，每个人的口袋里都装得满满的。

　　可是，在回家的路上，他们才发现，装满宝贝的口袋是那么沉，他们走得很辛苦。没走多远，他们便感到气喘吁吁，两腿发软，脚步再也无法挪动。苏格拉底说："孩子们，后面的路还长呢，我看还是丢掉一些宝贝吧！"

　　学生们实在有些恋恋不舍，在口袋里翻来翻去，不得不咬牙丢掉一两件宝贝。但是，宝贝还是太多，口袋还是太沉，年轻人们不得不一次又一次停下来，一次又一次咬着牙丢掉一两件宝贝。"骄傲"丢掉了，"烦恼"丢掉了，"痛苦"丢掉了……口袋的重量虽然减轻了不少，但年轻人还感到它很沉很沉，双腿依然像灌了铅似的重。

路还是很远，年轻人还是觉得很沉重，"孩子们，"苏格拉底又一次劝道，"你们再把口袋翻一翻，看还可以甩掉些什么。"

学生们终于把最沉重的"名"和"利"也翻出来甩掉了，口袋里只剩下了"谦逊"、"正直"、"快乐"……一下子，他们轻松极了，身上仿佛长了翅膀。

苏格拉底看着这一切，长舒了一口气："你们终于学会了放弃！只有放弃才能得到。"

（佚名）

吉姆和大卫

现实生活中交友，并没有那么多危及生死的抉择。但是，所有的抉择本质都是一样的。对待朋友，你是自私的，还是无私的？

吉姆和大卫是好朋友。

这一天，吉姆决定驾飞机飞过一个人迹罕至的海峡。

大卫得知了这一消息，连忙叫来几个人，与吉姆组成了一个"7人冒险敢死队"。吉姆的驾机技巧十分高超，这样一次飞行对他来说算不得什么。他粗略估算了一下，这次飞行任务只需两个半小时的时间就能完成。

可是，就在飞机飞行了两个小时的时候，问题出现了。由于飞机油箱漏油，飞机仪表显示油料已经不多，大约只能坚持10多分钟。可是要飞抵海峡对岸，至少还需要半个小时的时间！吉姆将这个消息告诉了大家，大家恐慌起来。

"不用担心，我们有降落伞！"说着，吉姆将操纵杆交给也会开飞机的大卫，自己走向机尾去取降落伞。吉姆逐一分发降落伞，也在大卫身边放了一个伞包。

"大卫，我先带着这5个人先跳，你先开好飞机，选个适当的时候再跳吧。"吉姆有些不舍地看了看大卫，拍了拍他的肩膀说道。

"放心，你们先跳，我随后就来！"大卫看都没看吉姆一眼，认真地开着飞机。

就这样，吉姆带着其他 5 个人跳了出去。

这时候，飞机仪表已经显示油料用尽，飞机只是在靠滑翔无声地向前飞。大卫连忙抓起自己的降落伞包，打算也跳下去。这一抓让他大吃一惊：伞包里没降落伞，只是吉姆的一包旧衣服！

顿时，大卫觉得天昏地暗。他没有想到，自己信赖的朋友竟然是这种人！而自己，此时正面临着死亡的危险！大卫急得浑身冒汗，可没有办法，他只能使出浑身解数，让飞机尽量往前多飞一点儿。

就这样，飞机无声息地往前飘着，也往下降着，就在大卫彻底绝望时，奇迹出现了，一大片海岸出现在他的眼前！大卫猛拉操纵杆，飞机贴海面冲过去，一下子撞落在松软的海滩上。

不久后，大卫拎着那包旧衣服找到了吉姆的家。他想要好好地质问这个背信弃义的小人，怎能在生死关头将朋友置于死地。

结果，吉姆不在。

吉姆的妻子说，吉姆一直都没有回来，她和孩子们正在天天盼望着他。她拿起大卫手里的包，认真地翻看着丈夫的旧衣服。突然，一张纸条出现在他们的眼前：

"大卫，机下是鲨鱼区，跳下去必死无疑。可是，如果飞机得不到减负，很快就会坠海。所以，我带着他们跳下去，飞机减轻了重量，一定能够滑翔过去。你就大胆地向前开吧！"

看了纸条，大卫哭了。他没有想到，吉姆在生死关头竟然将生的希望留给了朋友，自己却义无反顾地选择了死亡。

（佚名）

超值的两元钱

很多时候，快乐只需要换一个角度便能得到。

杰森在一家夜总会里吹萨克斯，收入不高，然而，生活却过得有滋有味。他整天乐呵呵的，对什么事都表现出乐观的态度。他常对别人说："太阳落了，还会升起来；太阳升起来，也会落下去。这就是生活。"

杰森很爱车，一直梦想有一辆属于自己的车，但是凭他的收入想买车是根本不可能的。与朋友们在一起的时候，他总是说："要是有一部车该多好啊！"眼中充满了无限向往。有朋友就逗他："你去买彩票吧，中了奖就有车了！"

他觉得这个主意不错，就买了两块钱的彩票。也许是上天看他想要车的愿望是如此的强烈，就特别优待于他，杰森凭着两块钱的一张体育彩票，果真中了个大奖。

杰森如愿以偿地用这笔奖金买了一辆车，整天开着车兜风，夜总会也去得少了。人们经常看见他吹着口哨在林阴道上行驶，车也总是擦得一尘不染的。

然而杰森有车的日子并没有持续多久。一天，他把车停在楼下，半小时后下楼的时候，发现车被盗了。

朋友们得知消息后，想到他那么爱车如命，几万块钱买的车眨眼工夫就没了，都担心他受不了这个打击，便相约来安慰他："杰森，车丢了，你千万不要太悲伤啊！你可要挺住啊！"出乎所有朋友的意料，杰森竟然大笑起来，说道："嘿，我为什么要悲伤啊？"朋友们疑惑地互相望着，问道："你真的一点也不悲伤吗？"

"如果你们谁不小心丢了两块钱，会悲伤吗？"杰森接着说。

"当然不会！"有人说。

"是啊，对我来说，我只不过用两元钱的彩票买了一辆车，我开了这么多天，早已经超值了，我该知足才是啊！"杰森笑道。

（佚名）

没有指望的孩子

　　每一个人都有自身的优点，如果缺乏一颗欣赏的心，就会让我们忽略了他人身上的优点。

　　一位父亲认为自己的孩子已经无可救药了，他气冲冲地带着孩子去了心理诊所。孩子整天被父亲骂得一无是处，对心理医生的询问，总是一言不发，无论如何诱导，他就是不开口。从孩子父亲的唠叨中，心理医生找到了医治的线索。父亲在不停地说："唉，这孩子一点儿用处也没有，连话都不会说，我看他是没有指望了！"

　　心理医生对父亲说，孩子不可能没有任何长处，只是缺少发现。心理医生和父亲一起寻找孩子的长处。从父亲的交谈中，心理医生了解到了一个重要的情况，就是小孩喜欢玩刀，以致孩子常常被刀划伤，家里到处是刀痕，为此孩子常常受到训斥。

　　心理医生明白孩子的喜好了，雕刻就是孩子的爱好，当然也会成为孩子的长处。第二天，心理医生买了一套雕刻工具，郑重其事地送给小孩，还送他一块上等的木料，告诉他要学习正确的雕刻方法。

　　心理医生不断地鼓励他说："在我所认识的孩子当中，你是最有雕刻天赋的一位。你聪明的头脑，还这么勤奋，将来一定会成为一位了不起的艺术家。"

　　孩子的眼睛湿润了。此后，心理医生常常去看他，只要找到孩子任何方面的优点，心理医生都会毫不犹豫地夸奖他。

　　最终，孩子变得健康向上、活泼开朗起来，对雕刻艺术也越来越热爱。10年后，他真的成了一位著名艺术家。

　　　　　　　　　　　　　　　　　　　　　　　　　　　　（佚名）

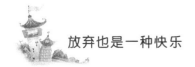

1℃

正是这些小处的细节，传递了那些埋藏在人性深处的巨大的力量和温情，将个体的命运与集体的命运紧紧地连在一起，最终战胜了看似巨大的困难。

一个女孩大学毕业后到一家大型企业工作。参加工作的前三年，公司的效益非常好，每个月她总会有一笔不菲的工资和奖金。在外人眼里，她能拥有这一切已经很不错了，她已经很知足了。

和她一起共事的大都是大学毕业的年轻人，随着时间的推移，按部就班的工作节奏使他们变得懒散，总觉得工作生活中缺少激情。他们厌倦了目前的工作和生活，想跳槽换个环境。

市场的竞争是残酷的，经济的风云变幻是很难预料的。就在他们决定跳槽的时候，公司由于在一个重大项目上决策失误，损失惨重。多年来公司创造的辉煌一夜之间化为乌有，面临破产的困境。平时公司的经理对他们很照顾，在公司处于困境的时候选择跳槽，他们很是过意不去，但是长期在公司待下去不会有太大的发展前途。权衡再三，他们决定离开，另谋高就。就这样他们联合了几个年轻人写好了辞职报告。

盛夏时节酷暑难耐，为了节约用电，公司老总把自己办公室空调的温度从23℃提高到24℃。为此，经理特意在门口贴出了一张小纸条："关键时刻，让我们从点滴做起。尽管公司处于困境，但困难只是暂时的，如同乌云遮不住太阳。为了节省1℃的电量，你们进入我的办公室时，可以随便减去一件衣服。"

在这个以严格的等级制度管人的公司，没有人可以在进入经理办公室之前随随便便脱去西装。尽管经理贴出了小纸条，可是没有人在进入他的办公室之前减衣服。时间长了，经理发现了这一点，立即从自己做起，自己先减去一件衣服，穿着随便些，让来汇报工作的员工放松心情，自然一些。

那天这些准备好跳槽的员工走到经理办公室，看到小纸条，没敢脱衣服，但心微微地震动一下。走进办公室，他们发现经理穿着很随便，而且他们观察到经理室的空调温度比往常高了1℃。经理让他们脱去外套，有什么想法慢慢汇报。先前想好的理由顷刻间化为乌有，最后他们红着脸退了出去。此后，他们的心长久地被那1℃温暖着，尽管那1℃对一个员工上千的企业算不了什么，但是他们从那微不足道的1℃中看出了一种温暖、一种精神。

几个月过去了，始终没有人提辞职的事情。后来那家公司走出了困境，企业的发展蒸蒸日上。有人说企业的成功与1℃有关，也有人说与1℃无关。

（佚名）

弱点还是强项

有时候你最大的弱点有时可以变成最大的优势，关键在于你怎样才能做到扬长避短。

你最大的弱点有时可以变成最大的优势，我们就拿一个10岁男孩的故事来举个例子吧。尽管在一次严重车祸中失去了手臂，他还是决定去学习柔道。

他师从一位德高望重的日本柔道大师。男孩学得不错，但他弄不明白已经练了3个月了，大师为什么只传授他一招。

"师傅，"男孩终于问道，"我可以学些别的招数吗？"

"这是你知道的唯一的一招，但有这一招就足够了，"师傅回答道。

虽然懵懵懂懂，但男孩信任他的师傅，便继续练了下去。

几个月后，男孩被师傅领着参加锦标赛。

让男孩颇感惊讶的是，他轻而易举地赢了头两场比赛。第三场比赛就没有那么轻松了，可是一段时间后，他的对手沉不住气了，发起进攻，男孩巧妙接招，一招制敌。尽管对自己的成功仍百思不得其解，男孩已经杀入决赛了。

这次他的对手高大强壮，经验老到。一时间，男孩看上去要被打败。担心男孩可能会受伤，裁判赶紧喊"时间到"。裁判正打算宣布终止比赛，男孩的师傅出面了。

"不，"师傅坚持道，"让他继续。"

比赛重新开始不久，他的对手犯了一个致命错误：他疏于防守，门户大开。男孩以迅雷不及掩耳之势，用他那一招将对方摔倒在地。男孩赢得了比赛，夺得了锦标赛的冠军。

回家的路上，男孩和师傅回顾起每场比赛的每一个动作。然后，男孩鼓起勇气，向师傅提出了他苦思不解的问题。

"师傅，我怎么会一招就赢得锦标赛的胜利呢？"

"你赢有两个原因，"师傅回答说，"首先，你已经掌握了整个柔道中难度最高的一种摔跤动作；第二，目前已知破解此招的唯一的方法就是对方抓你的左臂。"

男孩最大的弱点变成了他的最大的优势。

（佚名）

绕着房子跑几圈

如果能保持冷静，用宽容的、乐观积极的、春风化雨般的态度解决问题，就会使很多矛盾消散于无形之中，不但不会伤害别人，而且还能解脱自己。

有一个人很有趣，每次和别人生气起争执的时候，就以很快的速度跑回家去，绕着自己的房子和土地跑几圈，然后坐在田地边喘气。

他工作非常勤劳努力，也治家有方，房子越来越大，土地也越来越广，但不管房地有多大，只要与人争论生气，他还是会绕着房子和土地跑几圈，可是他为何每次生气都要绕着房子和土地跑几圈呢？

认识他的人都很疑惑，但是不管怎么问他，他都不愿意说明，直到有一天他又生气了,这个时候他已经很老了,他的房子已经在当地是最大的,他拥有的土地也是当地最广大的。但他依然拄着拐杖艰难地绕着土地和房子,走了几圈,等太阳下山了,他坐在田边喘气,他的孙子来到他身边,恳求地问他:"爷爷,您已经年纪这么大了,您是这地区最富有的人,您为什么还要像从前,一生气就绕着土地跑啊?您能不能告诉我这个秘密,为什么一生气就要绕着土地跑上几圈?"

老人禁不起孙子恳求,也觉得没有必要再隐瞒了,终于说出隐藏在心中多年的秘密,他说:"年轻时,我一和人吵架或者生气,就绕着房地跑上几圈,我边跑边想,我的房子这么小,土地这么小,我的负担这么重,我怎么会有时间,我哪里有资格去跟人家生气,一想到这里,气就消了,这样几乎就把所有的时间用来努力工作了。"

孙子接着问道:"可是,爷爷,您现在岁数这么大了,又是最富有的人,为什么还要绕着房子跑?"

老人微笑着说:"我现在偶尔还是会生气,生气的时候绕着走几圈,一边走,我就会一边想:我的房子这么大,土地这么多,我又何必跟人家计较?一想到这些,气也就消了。"

（佚名）

穷人最缺少什么

野心,不仅是"治穷"的特效药,还是所有奇迹的萌发点。一个拥有野心的人,总能促使着自己不停地努力奋斗,最终得到自己想要得到的东西。

1998年,一位法国富翁在医院去世。

假若没有他的遗嘱,恐怕谁也不会留意这个已经去世的富翁。富翁在遗嘱中称,自己曾经是一个穷人,在他以富人身份进入天堂之前,他要把自己成为富人的秘诀留下。如果谁能通过回答:"穷人最缺少什么"这个问题而

猜中他的秘诀，他就将赠送 100 万法郎。

很快，报纸刊登了富翁的遗嘱，有 48561 个人寄来了自己的答案。绝大部分人认为，穷人最缺少的就是金钱，有钱当然就不再是穷人了；有人认为，穷人缺少的是机会；也有人认为，穷人缺少的是技能。答案真可谓是五花八门，应有尽有。

这位富翁逝世的周年纪念日，他的律师和代理人在公正部门的监督下，公布了富翁的致富秘诀。他认为，穷人之所以穷，大多是因为他们有一种无药可救的缺点，就是缺少致富的野心。

在近5万个答案中，只有一个年仅9岁的小女孩猜对了。她在接受100万法郎的颁奖之日，人们忍不住问，是什么使她想到了穷人最缺少的是野心？要知道，她才仅仅只有9岁！

女孩微笑着说：“每次，我姐姐把她 11 岁的男朋友带回家时，总是警告我说不要有野心！不要有野心！于是我想，也许野心可以让人得到自己想得到的东西。”女孩的答案很简单，却也再合理不过。野心，的确可以让人得到想要的东西，其中当然包括财富。

（佚名）

特洛伊的陷落

行动不可盲目，不能不计后果，不能只凭借着自己的喜好，
还要想到将会带来的影响和后果，想清楚了再付诸行动。

在公元前 12 世纪，有一个地处小亚细亚西北部的特洛伊王国。当时，特洛伊国王普里阿摩斯有着众多妻妾，他的子女多达 100 人。其中最优秀的一个就是王子帕里斯了。他凭借着英俊的样貌、过人的才智，强大的力量而深得国王的宠爱，并且被予以重任。

一天，国王普里阿摩斯想起了在希腊的姐姐赫西俄涅已很久没回来了，于是就派帕里斯去把赫西俄涅从希腊接回来，一家团聚。

然而，风流的帕里斯王子在去希腊的途中，迷上了一位貌似天仙的女子，为了她精神恍惚，完全忘记了自己所担负的使命。

　　这个美丽的女子就是斯巴达的公主海伦，就是她引发了后来的特洛伊战争。遇见帕里斯王子时，她已经是已婚之人了。从小她的美貌就在全希腊享有盛名。她曾被慕名而来的雅典国王忒修斯劫走，之后她的两个哥哥又趁机救出了她，把她带回了斯巴达。她的后父斯巴达王廷达瑞俄斯把她养在深宫，她越发的美丽迷人了。王公贵族都排着长队来向她求婚，最后阿耳戈斯国王墨涅拉俄斯有幸被斯巴达王选中成为海伦的丈夫，并继承了斯巴达的王位。

　　帕里斯一眼就爱上了海伦，深深地坠入情网，而他高雅的举止、华丽的穿着，英俊的容貌同时也获得了海伦的好感。帕里斯为讨海伦开心用尽了全部的心思，海伦渐渐地沉迷其中，最后她用王后的身份，对这位英俊的王子进行了特殊的礼遇接待。帕里斯抓住斯巴达国王墨涅拉俄斯出使外国的良机，对海伦紧追不舍。海伦最终迷失在帕里斯美妙无比的琴声、令人心醉的言辞和火热的爱情中，忘记了自己已身为人妻，而和帕里斯在一起了。然后，在被买通的希腊武士的帮助下，帕里斯把不能自已的海伦带上了自己的船队，从斯巴达逃走了。由于担心回去后无法向父王交代，帕里斯干脆在一个美丽的小岛上停泊了船只，和海伦一起享受着爱情所带来的幸福与甜蜜。

　　回国之后的墨涅拉俄斯知道了这件事，大发雷霆，想要立刻向特洛伊发动进攻。经过宫廷大臣极力劝阻，墨涅拉俄斯决定先用和平的方式接回海伦。他和奥德赛组织了希腊和平使节团出访特洛伊，但是到了以后却发现帕里斯和海伦根本没有回来。特洛伊诸王子虽然承认帕里斯错了，但却不愿意把海伦乖乖地送回去，于是双方关系破裂了。

　　回国之后的希腊使团，把出使的情况向国人做了通报。希腊各城邦都义愤填膺，迈尼国王阿伽门农是墨涅拉俄斯的哥哥，他把希腊各路英雄聚集在一起，组成了 10 万人马，1186 艘战船的庞大希腊联军，向特洛伊王国进发，由此爆发了著名的特洛伊战争。

　　双方为了争夺美女海伦，发动了无比激烈的战争，都损失惨重。

　　听到这个消息，帕里斯带着海伦在战争进行得如火如荼时赶回祖国。

他接受了墨涅拉俄斯的挑战,二人进行了生死决斗,打得不可开交,最后帕里斯受了伤,败给了墨涅拉俄斯。但是帕里斯在后来的一场战争中,把希腊英雄阿喀琉斯射死了,而他自己也中了腊神箭手菲罗克忒斯的毒箭,丢了性命。他的妻子俄诺涅忍受不住心中的悲痛,在火葬帕里斯时跳入了火堆,随丈夫而去。

进行了10年的特洛伊战争一直难分胜负,双方都有很多人在这场战争中丧命。希腊的将士们接到自己预言家的启示,这场战争不能硬拼只能智取。于是他们聚集起来,一起商讨如何对敌,最后人们一致赞同使用聪明睿智的伊塔刻国王奥德赛想出的木马计。

希腊人根据奥德赛的计谋制造了一个巨大的木马,奥德赛和许多希腊名将在战争中都躲藏在马腹之中,剩下的希腊将士把军营中的物资焚毁,表面上仓皇撤退,暗地里却在附近的波斯湾隐藏起来。特洛伊人以为希腊人彻底被自己打败了,他们全都出城追杀,把这个地方占领了。特洛伊的将领立刻被这匹制造精良的巨大木马给吸引了,他们仔细检查了这个木马,发现有一个希腊士兵隐藏在马腹下面。特洛伊人立刻对他进行了审问。这个人名叫西农,由于他胆大心细,机智善辩,所以希腊人特意留下了他,为的是引诱特洛伊人上当。他对特洛伊人说:希腊统帅要把他杀了祭神,以便能获得神灵的庇佑,平安撤军回国。他急中生智藏到了木马腹下,才躲过一劫。特洛伊将军急切地向他询问木马的用处,他说,这木马是希腊人献给雅典娜女神的礼物,神会保佑献上这个礼物的人。特洛伊人相信了他的花言巧语。但这时从人群中走出了特洛伊国祭司拉奥孔,他对人们发出了警告:木马可能是敌人制造出的用来作战的武器,应该立刻毁掉这个怪物,不要留下隐患。但是大多数人都不同意他的说法,认为把木马毁掉是冒犯神灵的行为,会给特洛伊城带来巨大灾难。他们觉得木马可以用来纪念战争的胜利,应该把这个战利品弄到城里。于是,在国王的命令下,人们开始拖着木马进程,为了把这个庞大的木马弄进城里,他们还把一段城墙给拆毁了。

当晚,西农趁特洛伊人都沉浸在胜利的喜悦之中时,他从人群中偷偷地溜到了一个僻静的地方,在那里点起火,发出信号给隐蔽在海湾的军队。之后，他又把木马的机关打开，放出了奥德赛等人，把守城的士兵杀死。引着大军从城门和城墙拆毁处进城，很快就把特洛伊军队给打败了，并把特洛伊城一举攻下。

最终木马计的成功给历时 10 年的特洛伊战争画上了一个句号。

（佚名）

从现在就开始

我们对周围任何一个人都要有信心，即使他一时顽固不化，也不要随意抛弃，而要给予他自信和必胜的信念。

在学校，教过哈里的每一位的老师都说他是自甘落后。有一位老师却不这样认为，他名叫费里斯，他知道哈里天性聪明，别的同学能学会的，他也能学会。只不过是哈里拒绝努力，不愿接受别人的帮助。对他鼓励也好，批评也好，他都无动于衷。

一天课后，费里斯把哈里带到办公室谈话，告诉他："你这次考试又考得一塌糊涂，你不给我留一点儿余地。看来，只能给你打不及格了。你有什么要说的吗？"

哈里脸上露出无所谓的表情，很平静地说道："没什么可说的。"

哈里的这种表现，让费里斯感到很失望，只好挥挥手，让他走。哈里转身迈着轻松的步伐，潇潇洒洒地走出了办公室。

"天呀！这孩子怎么能这样？他难道就这样自暴自弃了吗？谁还能帮这个孩子一把？"费里斯不自觉地大声说了出来。费里斯两手抱着头，呆坐在办公桌前。

不知过了多久，费里斯觉得一只手放到了肩膀上。抬头一看，哈里回来了。"老师，我不知道还有人对我的事这么关心。"他神色严肃地说，"如果我再试着努力一下，您能帮助我吗？"

"那你可一定要真正努力才行。"费里斯回答说："我们俩都要加油。"

"那好吧，能从现在就开始吗？"

从那以后，哈里真的开始努力，各科作业都完成得很好，最后，他成了班上最好的学生之一。

但是，收获最大的，还是费里斯。他懂得了失望是可以传染的，而它的治疗药——希望，则有更强的感染力。

（佚名）

积善梳

在我们遇到一个棘手的问题时，不妨打破定式思维，另辟蹊径，或许能够达到"柳暗花明又一村"的境界。

有一家效益相当好的大公司，为扩大经营规模，决定高薪招聘营销主管。广告一打出来，报名者云集。

面对众多应聘者，招聘工作的负责人说："相马不如赛马，为了能选拔出高素质的人才，我们出一道实践性的试题：就是想办法把木梳尽量多地卖给和尚。"

绝大多数应聘者感到困惑不解，甚至愤怒：出家人要木梳何用？这不明摆着拿人开涮吗？于是纷纷拂袖而去，最后只剩下三个应聘者：甲，乙和丙。

负责人交代："以10日为限，届时向我汇报销售成果。"

10日期限已到。负责人问甲："卖出多少把？"

答："1把。"

"怎么卖的？"

甲讲述了历尽的辛苦，游说和尚应当买把梳子，无甚效果，还惨遭和尚的责骂，好在下山途中遇到一个小和尚一边晒太阳，一边使劲儿挠着头皮。甲灵机一动，递上木梳，小和尚用后满心欢喜，于是买下一把。

负责人问乙："卖出多少把？"

答："10把。"

"怎么卖的？"

乙说他去了一座名山古寺，由于山高风大，进香者的头发都被吹乱了，他找到寺院的住持说："蓬头垢面是对佛的不敬。应在每座庙的香案前放把木梳，供善男信女梳理鬓发。"住持采纳了他的建议。那山有10座庙，于是买下了10把木梳。

负责人问丙："卖出多少把？"

答："1000把。"

负责人惊问："怎么卖的？"

丙说他到一个颇具盛名、香火极旺的深山宝刹，朝圣者、施主络绎不绝。

丙对住持说："凡来进香参观者，多有一颗虔诚之心，宝刹应有所回赠，以做纪念，保佑其平安吉祥，鼓励其多做善事。我有一批木梳，您的书法超群，可刻上'积善梳'三个字，便可做赠品。"

住持大喜，立即买下1000把木梳。得到"积善梳"的施主与香客也很是高兴，一传十、十传百，朝圣者更多，香火更旺。

（佚名）

不值得生气

> 一个人要开阔自己的心胸。开心过是一天，不开心过也是一天，就看你如何选择了。

有一个妇人，心胸有些狭窄，经常喜欢为一些鸡毛蒜皮的小事生气。她也知道这样不好，便去求一位知名的高僧为自己谈禅说道，开阔心胸。

高僧听了她的讲述,什么也没说,只是把她领到一座禅房中,落锁而去。妇人气得跳脚大骂。骂了许久,高僧就像没听见一样,并不理会。妇人又开始哀求,高僧仍置若罔闻。妇人终于沉默了。高僧来到门外问她:"你还生气吗?"

妇人说:"我当然生气,我生气我为什么要来到这个地方,受你的这份气。"

"连自己都不原谅的人怎么能心如止水?怎么能活得豁达?"高僧没有给她开门便拂袖而去。

过了一会儿,高僧又过来了,问她:"还生气吗?"

"不生气了。"妇人说。

"为什么?"

"气有什么用呢?"

高僧依旧不给她开门,说道:"这说明你的气并未消逝,还压在心里,暴发后会更加剧烈。"高僧又离开了。

高僧第三次来到门前,妇人告诉他:"我不生气了,因为不值得气。"

"还在衡量值不值得,可见心中还是有气根。"高僧笑道。

当高僧的身影迎着夕阳立在门外时,妇人问高僧;"大师,什么是气?"

高僧将手中的茶水倾洒于地。妇人视之良久,顿悟,叩谢而去。

(佚名)

做到别人没做过的事情

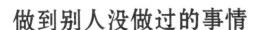

做什么事情都用于实践,善于把思想付诸于行动,并且能够持之以恒的去为实现梦想而努力,同时要具有创新的精神。

哥伦布于1451年出生在意大利的热那亚城。那时,欧洲各地正掀起航海探险的热潮,而热那亚这个城市的航海事业是非常发达的。年轻时的哥伦布,就积极参加了很多短途的航海活动。他深受 100 多年前的马可·波罗的东游壮举的鼓舞。《马可·波罗游记》一书正式出版发行时正值哥伦布少年时期，因此哥伦布和其他钟爱此书的青年一样，对冒险和旅行充满了热情。不久，地理学家们又提出地圆学说，这更加深了航海家们的信念。他们相信只要一直向西，就能达到马可·波罗所描述的东方世界。

当时经济发达的欧洲社会，都以代表了财富的黄金为货币。黄金热出现在整个欧洲大陆，无论是国王还是臣民，都在为黄金而疯狂。哥伦布也是其中之一，他说过："黄金很神奇！拥有它的人可以随心所欲，做任何自己想做的事情。黄金能让人的灵魂进入天堂。"

在马可·波罗的书中，东方是"黄金遍地"，于是为了去寻找黄金，有许多冒险家都架起了帆船远航。葡萄牙的迪亚士是最早寻找新航路的人。他于 1486 年航行到了好望角，这个地处非洲最南端的地方。虽然没有找到黄金，但是那些跃跃欲试的冒险家们却仍然深受鼓舞。当时哥伦布的航海经验已经十分丰富了，他决定驾驶航船去寻找新的航路。但是他没有航海所需的巨额资金和坚固的船只。于是，他于 1486 年来到了西班牙，对西班牙国王讲述了资金开辟新航路的计划。当时发达的西班牙正热衷于对外扩张，所以哥伦布的主意受到了西班牙国王的赞赏。西班牙国王和哥伦布在 1492 年 4 月 17 日签订了一个协定，协议规定哥伦布出海的一切费用都由西班牙支付，哥伦布享有将来那些新发现岛屿和土地的统治权。新土地的总收入的二十分之一归哥伦布所有，但西班牙享有新土地的所有权。哥伦布接受了这个叫做"圣大非协定"的相关条款。

由三艘大帆船，87 名水手组成的哥伦布船队在一切准备就绪之后，于 1492 年 8 月 3 日从西班牙出发了。离开西班牙的海岸之后，船队一直向西航行。1492 年 10 月 12 日凌晨，两个多月艰苦的水上生活使水手们怨声载道，忍无可忍了，眼看着就会发生一场叛乱。这时，突然听到一个水手的惊叫声："快看啊，前面有陆地！"大家果然发现前方有一片郁郁葱葱的陆地。帆船靠岸后，大家看到这是一个有人类居住，有充足的水和食物的岛屿。一个水手高声地对同伴们叫喊："救世主啊！"于是，哥伦布给这个岛屿命名为圣萨尔多（意为救世主）。这个岛其实就是现在巴哈马群岛中的华特林岛。

哥伦布以为这里就是东方富国印度，于是称这里的人为印第安人。哥伦布接着又向南航行，先后在古巴和海地登陆。虽然他并没有在这众多岛屿中发现传说中的黄金，但是作为侵略者，他在那里建立了根据地，对印第安人的贵重物品进行掠夺。

哥伦布带着掠夺来的财富和 10 个印第安人，于 1493 年 3 月 15 日回到了西班牙的巴罗士港。他宣称发现通往印度航路的消息轰动了整个欧洲。西班牙国王封哥伦布为西班牙的贵族，给了他高度的礼遇。

关于哥伦布还有一个有趣的小故事。有一天，一个西班牙贵族邀请哥伦布参加一场专门为哥伦布举办的宴会，但是宴会中有许多对哥伦布心怀妒忌的人。为了要给哥伦布一个难堪，那些傲慢自负的名流们想了很多办法。其中一个对哥伦布说：“你有什么了不起呢？不过是发现了一块奇怪的大陆。这有什么值得炫耀呢？谁都可以驾船出海，然后发现你发现的那个地方，世界上最简单的事情莫过于此。”

哥伦布沉默了一下，想了想，把一个鸡蛋从碟子里拿出来，对这些狂傲无理的人们说：“先生们，你们有谁可以让这个鸡蛋直立呢？”大家全都做着尝试，但是谁都没有成功。他们说，这是不可能做到的事情。

哥伦布看了看这些人，拿起了一个鸡蛋，用一头在桌子上一磕，就把蛋壳磕平了一小块，这样鸡蛋就很容易地立在了桌子上。看完后，那些人都愣住了，哥伦布对他们说：“先生们，这是一件很简单的事情，但是你们都没有做。而我只是把你们没做过的事情做到了。”

哥伦布的确把别人没做到的事情做到了，而正是这样的一件事，才使美洲大陆展现在世界面前，一条新的航路从此开辟了。

哥伦布于 1498 年第二次来到美洲。之后他又在 1502 年第三次抵达美洲。最后他在西班牙的瓦里阿多里城病逝，他至死都以为他发现的是东方的印度。

1499 年，一个与哥伦布同时代的意大利冒险家亚美利加也率领着船队来到了美洲。但是，他从中美洲大陆穿过，广阔的太平洋出现在他的面前，所以他认定哥伦布发现了一个新的大陆。于是，亚美利加发现的这一大陆被人们称之为"亚美利加洲"（简称"美洲"）。

（佚名）

我的生命不要被别人保证

　　自己的将来和命运掌握在自己手中，只要你自信自强，努力奋斗，理想就一定会实现。

　　一位享誉世界的作家这样讲述自己少年时的经历——

　　我记得小学六年级的时候，有一次考试得了第一名，老师送了我一本世界地图。我高兴地跑回家，一到家就开始看这本世界地图。

　　很不幸，那天轮到我为家人烧洗澡水。我就一边烧水，一边在灶边看地图，看到一张埃及地图，想到埃及很好，埃及有金字塔，有埃及艳后，有尼罗河，有法老王，有很多神秘的东西……心想，长大以后如果有机会，我一定要去埃及。

　　我正看得入神的时候，突然爸爸围着一条浴巾从浴室冲出来，用很大的声音跟我说："你在干什么？"

　　我回答说："我在看地图。"

　　爸爸很生气，说："火都灭了，洗澡水都是凉的，你怎么还有工夫看地图？"

　　我说："我在看埃及的地图，没准以后我能去那儿呢。"

　　我父亲就跑过来"啪、啪"给我两个耳光，然后说："赶快生火，看什么埃及地图！"

　　打完后，又朝我屁股踢了一脚，把我踢到火炉旁边去，并严肃地对我说："我跟你保证，你这辈子不可能到那么遥远的地方！赶快生火。"

　　我当时看着爸爸，呆住了，心想："爸爸怎么给我这么奇怪的保证，真的吗？这一生真的不可能去埃及吗？"

20年后，我第一次周游世界就去了埃及，我的朋友都问我："到埃及干什么？"我说："因为我的生命不要被别人保证。"

有一天，我坐在金字塔前面的台阶上，买了张明信片写信给爸爸。我写道："亲爱的爸爸我现在在埃及的金字塔前面给你写信。记得小时候，你打我两个耳光，踢我一脚，保证我不能到这么远的地方来，现在我就坐在这里给你写信……"

写的时候，我感触非常的深……

（佚名）

衬衫上的黑印子

做人不能太狭隘。我们想对别人使坏的时候，往往在别人身上只能体现出一部分效果，却在我们自己身上留下了难以消除的污迹。

杰克八岁了。这天，他放学以后气冲冲地回到家里，气得直跺脚。杰克的父亲正在院子里，看到杰克生气的样子，就问他怎么回事？

杰克气呼呼地说："爸爸，我现在非常生气。我要报复考克，以后他休想再得意。"

爸爸一边干活儿，一边问："他怎么惹你了？"

杰克说："考克让我在朋友面前丢脸了，我以后要报复他，让他遇上几件倒霉的事情，我心里才高兴。"

爸爸走到墙角，找出一袋黑黑的木炭，对杰克说："儿子，前面的绳子上挂着一件白衬衫，你现在就把它当做考克，把木炭当做你想象中的报复。你用木炭去扔白衬衫，每砸中一块，就表示考克遇到一件倒霉的事情。看看你把木炭砸完了以后，会是什么样子。"

杰克觉得这个游戏很有意思，他拿起木炭就往衬衫上扔。衬衫挂在比较远的绳子上，他把木炭扔完了，只砸中了一部分。即使是这样，白色的衬衫已经有几个明显的黑色印子了。

父亲问意犹未尽的杰克："你现在觉得怎么样?"

杰克兴奋地说："累死我了,但我很开心,因为我砸中了好几块木炭,白衬衫上好几个地方都变黑了。"

父亲微笑着点点头,说:"好的,那么你现在去照照镜子,你就明白了。"

杰克不解地走到大镜子前,可想而知,他看到了自己满身都是黑炭的碎屑,脸上只有牙齿能看出来是白色的。

父亲对杰克说:"你看,明明是你在攻击白衬衫,结果衬衫并没有变得特别脏,而你自己变得比白衬衫还要脏。你想报复别人,让别人身上发生倒霉的事情,结果最倒霉恰恰是你自己。"

(佚名)

一法郎的豪华别墅

　　　遇到不可思议的事情,先不要急着否定,以免错失良机。最好
是仔细查证一番,有了机会就要牢牢地抓住。

在留学生中有这样一个故事。有一位留学法国的中国留学生,由于家里的生活突然遭遇变故,父母已经拿不出钱来供他完成剩下的一年半学业了。他突然失去了经济支持,只好从独居公寓里搬到七八个人合租的宿舍,并决定像他的室友们一样,走上打工挣钱维持学业的道路。

为了找工作,这位留学生翻开了以前从来不看的报纸广告页。突然,一则登在不起眼的角落里的广告吸引住了他:"豪华别墅,只售一法郎。"

室友们听他念出这则广告后,都嗤之以鼻,甚至觉得有些可笑,有的说:"今天不是愚人节吧!"

有的说："哪有天上掉馅饼的好事。"

还有人半带嘲弄地问他："你该不是想去试一试吧?"

好心的室友提醒道："可千万别上当,这种陷阱多了。我看,骗子总是有不可告人的图谋!"

留学生虽然是半信半疑,但他还是决定试一试。他按照报纸上提供的联系方式,找到了那个登广告的人。

登广告的是一个衣着华贵的中年妇女。问清楚留学生的来意后,她指着她正站着的屋子的地板说:"喏,就是这里。"

留学生不禁大吃一惊:这里是巴黎近郊最著名的别墅区,富人云集,地价之昂贵可谓寸土寸金。再看身处的这幢房屋,设计高贵典雅,装潢富丽豪华。如果要售出,价格应该是天文数字。他可是无论如何也不可能出那样一大笔钱的。

"夫人,能看看房子的有关手续吗?您知道……"留学生不知道说什么好,他实在不敢相信,不由自主地问出了一句。

贵妇人微微一怔,拨了一个电话,然后自己转身上楼,一会儿回来,交给留学生一个文件袋。

留学生瞪大了眼睛,辨别着房契的真伪,研读着文书中那些拗口的法律条文。正在这时,一位戴着眼镜、夹着公文包的男士走了进来。他跟妇人商量了两句,走到留学生面前:"先生,您好。我是律师,如果您没有什么异议,我可以为您办理买卖房屋的手续了吗?"

"你是说一法郎……这幢房子……"留学生不敢相信这一切是真的,甚至有些语无伦次了。

"是的,先生,如果可能的话,请您交现款。"律师一本正经地回答。

三天之后,留学生带着他向法院求证后确认无疑的文件,到豪华别墅去办理移交。当他接过沉甸甸的钥匙的时候,仍难以相信他已是这所房子的主人。他叫住正要离去的房主:"夫人,您能告诉我这是为什么吗?"

贵妇人叹了一口气:"唉,实话跟你说吧,这是我丈夫的遗产。他把所有的遗产都留给了我。但只有这幢别墅,他遗嘱里说,要在律师的监督下卖给陌生人,卖了以后把所有的款项交给一个我从来没有听说过的女人。见到那个女人后我才知道，我丈夫瞒着我和她偷偷幽会了 12 年。所以我才做出这个决定——我遵守我丈夫的遗嘱，但我也不能让她轻易得到那么多钱。"

（佚名）

建设者

你明天的生活就是今天的态度和选择的结果。

一个年老的木匠准备退休。他对雇主说，以后不打算再建房子了，他想和妻子、儿女过悠闲的生活。虽然那样就没有薪水了，但他还是要退休。至于生活，总还过得下去。

雇主为这样一个好木工的离去而遗憾，于是就问他是否愿帮忙再建一栋房子，木匠答应了。很明显，老木匠这次不像以往一样用心了，手工粗糙，敷衍了事，用料也不讲究。这样结束他的职业生涯真是一件可悲的事。

木匠完成工作后，雇主过来看了一下房子，把前门的钥匙递给他，"这房子是你的，"他说，"是我送给你的礼物。"

多么令人惊讶和羞愧啊！如果他知道这是给自己造的房子，态度一定会大不相同。现在他不得不住在自己粗制滥造的房子里。

我们通常也是如此：心浮气躁地生活，宁肯被动应付也不愿主动进取，宁肯敷衍了事也不愿全力以赴，关键时刻我们也不愿尽最大努力完成工作。到头来，我们就会惊诧于自己亲手"设置"的处境——发现住在自己建的房子里。早知如此，何必当初。

假如你就是那个木匠，假如你知道那是你自己的房子，每天，你钉下每颗钉子，放好每块木板，或砌起每面墙，都会非常用心。这或许是你创造的唯一生活。即使你只能在里面多生活一天，也该活得优雅而尊贵。

墙上的匾额这样写道："生活是一项为自己打造的工程。"

（佚名）

真　相

　　我们要坚信我们的能力，在公平、和谐、健康的社会环境下充分发挥自己的聪明才智。

　　曾经有一名美国博士，在一所学校做过一个著名的实验。

　　新学年开始时，这名博士让校长把三位教师叫进办公室，对他们说："根据你们过去的教学表现，你们是本校最优秀的老师，因此，我们特意挑选了90名全校最聪明的学生组成三个班，由你们这些最优秀的老师来教。这些学生的智商比其他学生都高，希望你们能让他们取得更好的成绩。"

　　三位老师听了，非常高兴，表示一定尽力，也相信自己有这个能力。同时校长又按照博士的交代，对三位老师说："对待这些孩子，要像平时一样，不要有什么区别，更不要让孩子家长知道他们是特意挑选出来的。"老师爽快地答应了。

　　一年之后，博士来到这所学校，来检验自己的实验成果。这三个班的学生成绩在整个学区里面，遥遥领先。这时，校长告诉了老师们真相，这些学生根本不是特意选出来的最优秀的学生，只是随机抽调的最普通的学生。老师们没想到会是这样，但很快又高兴起来，认为自己的教学水平实在了得。

　　这时，校长又告诉他们另一个真相，那就是他们这些老师也是随机抽调的普通老师，根本不是特意挑选的学校的最优秀的教师。

这个结果让老师们有些意外，却是博士意料之中的。三位老师都认为自己是最优秀的，并且认为学生又都是高智商的，每天都会给自己这种暗示，因此对工作充满了热情和信心，工作时自然干劲十足，非常卖力，充满了激情，结果当然是好的。

（佚名）

用智慧战胜对手

在现实中，我们做事之所以会半途而废，往往不是因为难度较大，而是觉得成功离我们较远。只要我们分阶段地制定出具体的目标，成功就会变得容易多了。

在 1984 年的东京国际马拉松邀请赛中，有一位无名的日本选手成为那次比赛的一匹黑马，出人意料地夺得了世界冠军。

这位选手名叫山田本一。当他抱着冠军奖杯时，许多记者都拥上来争先恐后地问："山田先生，您是凭借什么取得如此惊人的成绩的？"但是他只是羞涩地说了这么一句话："用智慧战胜对手。"

当时许多人都认为这个偶然跑到前面的矮个子选手只是在故弄玄虚。众所周知，马拉松赛是考验体力和耐力的运动，只要身体素质好又有耐性就有望夺冠，爆发力和速度都还在其次，可他却说用智慧取胜，这确实有点儿勉强。也许，他只是为自己的偶然取胜找个理由而已。甚至有记者在报纸上写文章挖苦他。

两年后，国际马拉松邀请赛在意大利北部城市米兰举行，山田本一代表日本参加比赛。这一次他又获得了世界冠军。这就肯定不是靠运气能够做得到了，于是记者又追着他请他谈谈经验。

山田本一性情木讷，不善言谈，回答的仍是上次那句话："用智慧战胜对手。"这回记者相信了他的实力，没有在报纸上挖苦他，但对他所谓的智慧仍然迷惑不解。

10年后，这个谜终于被解开了。山田本一在他的自传中是这么说的：

"每次比赛之前，我都要乘车把比赛的线路仔细地看一遍，并把沿途比较醒目的标志画下来。比如第一个标志是一所银行；第二个标志是一棵大树；第三个标志是一座红房子……这样一直画到赛程的终点。比赛开始后，我就以百米冲刺的速度奋力地向第一个目标冲去；等到达第一个目标后，我又以同样的速度向第二个目标冲去。40多公里的赛程，就被我分解成这么几个小目标轻松地跑完了。起初，我并不懂得这个道理，我把我的目标定在40多公里外终点线上的那面旗帜上，结果我刚跑到十几公里时就疲惫不堪了，因为我被前面那段遥远的路程给吓倒了。"

（佚名）

干好各自的事业

"年轻的朋友，让我们努力干好各自的事业吧。你应该记住怎样给人们带来用处。"

从前，德国有一位很有才华的年轻诗人，写了许多吟风咏月、写景抒情的诗篇。可是他却很苦恼。因为，人们都不喜欢读他的诗。这到底是怎么一回事呢？难道是自己的诗写得不好吗？不，这不可能！年轻的诗人向来不怀疑自己在这方面的才能。于是，他去向父亲的朋友——一位老钟表匠请教。

老钟表匠听后一句话也没说，把他领到一间小屋里，里面陈列着各色各样的名贵钟表。这些钟表，诗人从来没有见过。有的像飞禽走兽，有的会发出鸟叫声，有的能奏出美妙的音乐……老人从柜子里拿出一个小盒，把它打开，取出了一只式样特别精美的金壳怀表。

这只怀表不仅式样精美，而且更奇异的是：它能清楚地显示出星象的运行、大海的潮汛，还能准确地标明月份和日期。

这简直是一只"魔表"，世上到哪儿去找呀！诗人爱不释手。他很想买下这个"宝贝"，就开口问表的价钱。

老人微笑了一下，只要求用这"宝贝"换下青年手上的那只普普通通的表。青年当然一口答应了。

诗人对这块表真是珍爱之极，吃饭、走路、睡觉都戴着它。可是，过了一段时间之后，他渐渐对这块表不满意起来。最后，竟跑到老钟表匠那儿要求换回自己原来的那块普通的手表。老钟表匠故作惊奇，问他对这样珍贵的怀表还有什么感到不满意。

青年诗人遗憾地说："它不会指示时间，可表本来就是用来指示时间的。我带着它不知道时间，要它还有什么用处呢？有谁会来问我大海的潮汛和星象的运行呢？这表对我实在没有什么实际用处。"

老钟表匠还是微微一笑，把表往桌上一放，拿起了这位青年诗人的诗集，意味深长地说："年轻的朋友，让我们努力干好各自的事业吧。你应该记住怎样给人们带来用处。"

诗人这时才恍然大悟，从心底里明白了这句话的深刻含义。

（佚名）

失败的财富

成功者之所以成功，只不过是他不被失败左右而已。

某大公司招聘人才，应者云集，其中多为高学历、多证书、有相关工作经验的人。经过三轮淘汰，还剩下 11 个应聘者，最终将留用 6 个。可想而知，这一轮的竞争将会何等残酷。为了公平公正而又不致百密一疏，一直在幕后的总裁终于站到前台，亲自担任了第四轮的主考官。

他扫了考场一眼，那里坐着的不是 11 个而是 12 个。

放弃也是一种快乐

"谁不是应聘的?"总裁问。

"是我。"后排一个男子应声站起,"不瞒您说,我第一轮就被淘汰了,但我想参加一下面试。"在场的人都笑了,包括站在门口一位服务员打扮的老头儿。

"你第一关都过不了,现在面试又有什么意义呢?"总裁面带微笑,那通常是对失败者的安慰和宽容。

"我掌握了很多财富,我本人就是财富。"

大家又一次笑开了,包括主考官,只有那位老服务员没有笑。

"我只有一个本科学历,一个中级职称,但我有11年工作经验,我先后在18家公司任过职。"

"你的学历和职称都不算高,11年中你跳了18次槽,太叫人吃惊了——"

"我没有跳槽,而是他们先后破产,我不能在一棵已经枯萎的树上吊死。"

"你真是一个倒霉蛋。"总裁摇了摇头,朝门口看了一眼。显然,他是想结束这场毫无意义的谈话了。一直站在门口的服务员拎着水壶走过来,给总裁的杯子里斟满了水。

"我不认为这是我自己的失败,我只有31岁,我很了解那些公司。我也曾和大伙一起,帮他们出主意力求挽救他们,虽然最终还是失败了,但我从中学到了许多东西。很多人只是追求成功的经验,而我却拥有避免失败和错误的经验。"应试者边说边朝门口走动,"我认为,成功的经验是相似的,而失败的原因却千差万别。别人的成功经验不太容易成为我们的财富,而别人的失败过程却不难转化为我们的经验。"

说到这里,应试者微微一笑,说:"你们不相信我在这些年中积累起来的经验和培养成的观察力是不是?我现在只举一个小例子,今天担任面试主考官的,不是主考位置上的那一位,而是这位端茶倒水的老先生。"

一语既出,全场哗然,十多双眼睛不约而同地投向那位老服务员。老人爽声笑了。慢慢直起身来说:"很好,你第一个被录用了,因为我急于知道,我表演失败的原因是什么?"

(佚名)

致命的优势

许多时候，我们不是跌倒在自己的缺陷上，而是跌倒在自己的优势上。因为缺陷常常给我们以提醒，而优势却常常使我们忘乎所以。

三个旅行者早上出门时，一个旅行者带了一把伞，另一个旅行者拿了一根拐杖，第三个旅行者什么也没有拿。

晚上归来，拿伞的旅行者淋得浑身是水，拿拐杖的旅行者跌得满身是伤，而第三个旅行者却安然无恙。

于是，前面的旅行者很纳闷，问第三个旅行者："你怎会没有事呢？"

第三个旅行者没有回答，而是问拿伞的旅行者："你为什么会淋湿而没有摔伤呢？"

拿伞的旅行者说："当大雨来到的时候，我因为有了伞，就大胆地在雨中走，却不知怎么淋湿了；当我走在泥泞坎坷的路上时，我因为没有拐杖，所以走得非常仔细，专拣平稳的地方走，所以没有摔伤。"

然后，他又问拿拐杖的旅行者："你为什么没有淋湿而摔伤了呢？"

拿拐杖的说："当大雨来临的时候，我因为没有带雨伞，便拣能躲雨的地方走，所以没有淋湿；当我走在泥泞坎坷的路上时，我便用拐杖拄着走，却不知为什么常常跌跤。"

第三个旅行者听后笑笑说："这就是为什么你们拿伞的淋湿了，拿拐杖的跌伤了，而我却安然无恙的原因。当大雨来时我躲着走，当路不好时我细心地走，所以我没有淋湿也没有跌伤。你们的失误就在于你们有凭借的优势，认为有了优势便少了忧患。"

（佚名）

真正的教育刚开始

一个真正伟大的人能够认识到自己的渺小,永远都不会故步自封。

美国一所世界著名的大学毕业考试的最后一天。

教学楼前的阶梯上,一群机械系的学生聚集在一起,激情洋溢地讨论几分钟后就要开始的考试,他们的脸上写满了自信,对他们来说,考试实在是小菜一碟,因为他们的功课一直都很优秀。

这是最后一场考试,接着就是毕业典礼和找工作了。

对于即将进行的考试他们认为只是轻而易举的事情。教授说他们可以带需要的教科书、参考书和笔记,只要求考试时他们不能交头接耳。

他们喜气洋洋地走进教室。教授把考卷发下去,学生都喜形于色,因为学生们注意到只有4个论述题。

3个小时过去了,教授开始收集考卷。学生们似乎不再有信心,他们脸上有难以描述的表情。没有一个人说话,教授手里拿着考卷,面对着全班同学。教授端详着面前学生们忧郁的脸,问道:"有几个人把4个问题全答完了?"

没有人举手。

"有几个答完了2个?"

仍旧没有任何动静。

"那么1个呢?一定有人做完了1个吧?"

全班学生仍保持沉默。

教授放下手中的考卷说:"这个结果是我意料之中的,你们在进入考场之前,一定不会想到是这样一种情况吧。其实考题不难,只是书本上没有,但是这几个考题在日常操作中却是再普遍不过的问题。我这样做只是要加深你们的印象，即使你们已完成四年工程教育，但仍旧有许多有关工程的问题你们全然不知。书中的知识大多都是理论，真正用于实际生活的，这些知识却连九牛一毛都不到。"

教授带着微笑说下去："这个科目你们都会及格，但一定要记住，学无止境，虽然你们是优秀的大学毕业生，但是进入社会，真正的教育才刚刚开始。"同学们都记住了教授的这句话。

（佚名）

懂得放手

很多时候，我们就像那个小孩子执著于某事，等你长大了才发现，原来你因为这件事放弃了更大的价值。

一天早上，一个年轻的妈妈正在厨房清洗早餐的碗碟。她四岁的孩子正自得其乐地在沙发上玩耍。不久之后，妈妈听到孩子的哭啼声，她连手也来不及擦干，就冲进客厅看孩子出了什么问题。

原来，孩子仍坐在沙发上。但是，他的手却插进了放在茶几上的花樽里。花樽是上窄下阔的款式，所以，他的手伸得进去，但伸不出来。母亲用了不同的办法，想把孩子卡着的手拿出来，但都不得要领。

妈妈开始焦急了，她稍为用力一点，小孩子就痛得叫苦连天。在无计可施的情况下，妈妈想了一个下策——把花樽打碎。可是，她有点犹豫了，因为这个花樽不是普通的花樽，而是一件价值连城的古董。不过，为了儿子的手能够拔出，这是唯一的办法。结果，她忍痛将花樽打破了。

虽然损失不菲，但儿子平平安安，妈妈也就不太计较了。她叫儿子将手伸给她看看有没有损伤。虽然孩子完全没有任何皮外伤，但他的拳头仍是紧握着似乎无法张开。是不是抽筋呢？妈妈再次惊惶失措。

原来，小孩子的手不是抽筋。他的拳头张不开，是因为他紧捉着一个十元硬币。他是为了拾这个硬币，所以让手卡在了花樽的口内。

小孩子的手伸不出来，其实，不是因为花樽口太窄，而是因为他不肯放手。

（佚名）

囚徒和卫兵

站在对方的立场看问题，有助于我们"知彼"，也大大有益于我们"知己"。

某个犯人被单独监禁。有关当局已经拿走了他的鞋带和腰带，他们不想让他伤害自己（他们要留着他，以后有用）。这个不幸的人用左手提着裤子，在单人牢房里无精打采地走来走去。

他提着裤子，不仅是因为他失去了腰带，而且因为他失去了15磅的体重。从铁门下面塞进来的食物是些残羹剩饭，他拒绝吃。但是现在，当他用手摸着自己的肋骨的时候，他嗅到了一种万宝路香烟的香味。他喜欢"万宝路"这个牌子。

通过门上一个很小的窗口，他看到门廊里那个孤独的卫兵深深地吸一口烟，然后美滋滋地吐出来。这个囚犯很想要一支香烟，所以，他用他的右手指关节客气地敲了敲门。

卫兵慢慢地走过来，傲慢地哼道："想要什么？"

囚犯回答说："对不起，请给我一支烟……就是你抽的那种——万宝路。"

卫兵认为囚犯是没有这个权利的，所以，他嘲弄地哼了一声，就转身走开了。这个囚犯却不这么看待自己的处境。他认为自己有选择权，他愿意冒险检验一下他的判断，所以他又用右手指关节敲了敲门。这一次，他的态度是威严的。

那个卫兵吐出一口烟雾，恼怒地扭过头，问道："你又想要什么？"

囚犯回答道："对不起，请你在30秒之内把你的烟给我一支。否则，我就用头撞这混凝土墙，直到弄得自己血肉模糊，失去知觉为止。如果监狱当局把我从地板上弄起来，让我醒过来，我就发誓说这是你干的。当然，他们绝不会相信我。但是，想一想你必须出席每一次听证会，你必须向每一个听证委员会证明你自己是无辜的；想一想你必须填写一式三份的报告；想一想你将卷入的事件吧——所有这些都只是因为你拒绝给我一支劣质的万宝路！就一支烟，我保证不再给你添麻烦了。"

卫兵会从小窗里塞给他一支烟吗？当然给了。他替囚犯点上烟了吗？当然点上了。

为什么呢？因为这个卫兵马上明白了事情的得失利弊。

这个囚犯看穿了士兵的立场和禁忌，或者叫弱点，因此满足了自己的要求——获得一支香烟。

（佚名）

父子钓鱼

在还没做成一件事情前，千万不要自我吹嘘。

初秋的一天，男孩在父亲的带领下去钓鱼。那是男孩第一次钓鱼。

父亲有着多年的垂钓经验，深谙哪里的小狗鱼最多。于是，他特意将男孩安排在最有利的位置上。男孩模仿父亲钓鱼的样子，甩出钓鱼线，眼巴巴地等候着鱼儿前来咬食。

等了大约一刻钟，男孩儿实在有些沉不住气了。

"爸爸，小狗鱼什么时候才能上钩啊？"男孩望着父亲，有些垂头丧气。

"钓鱼就得耐心。再等一等，鱼儿很快就会上钩了。"

听了父亲的话，男孩只得继续握着鱼竿等待。

突然间，男孩突然感觉有什么东西在拽拉钓线，旋即一下子将钓线拖入了深水之中。他连忙往上一拉鱼竿，一条逗人喜爱的小狗鱼立即跃出了水面，在璀璨的阳光下活蹦乱跳。

"爸爸！"男孩掉转头，欣喜若狂地喊道："看我钓住了一条鱼！我简直就是个天才！"

"还没有哩！"父亲看了看男孩慢条斯理地说。

父亲的话音刚落，只见那条惊恐万状的小狗鱼鳞光一闪，便箭一般地射向了河心。

钓线上的鱼钩不见了，眼看快到手的猎物就这样逃脱了，男孩功亏一篑。

"孩子，你得记住，在鱼还没有被拽上岸之前，千万别吹嘘你钓住了鱼！"父亲走上前来，拍了拍儿子的肩膀说道。

（佚名）

第三辑 有些事并不像它看上去那样

有些时候事情的表面并不是它实际应该的样子。如果你有信念，你只需要坚信付出总会得到回报。你可能会发现，直到最后才能发现事实的真相……

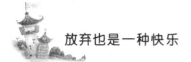

试金石

机遇对任何人是平等的，但是能不能抓住它，主动权却在每个人手里。因此，当机会来临的时候，有的人抓住了，有的人却因为种种原因而失去了。

据说，亚历山大图书馆付之一炬后，所有的书都化为灰烬，只有一本书幸免于难。这本书并不贵，有个略微读了点书的穷人，用几个铜子就买了下来。

书的内容算不上精彩，但是夹在书中的一张小纸条非常有趣——它是一条很薄的牛皮纸，上面写着"试金石"的秘密。试金石是一种能把普通金属变成纯金的小鹅卵石。

纸条解释说，试金石与成千上万的普通鹅卵石混在一起，无法从外表辨认，秘密就是：试金石是暖的，而普通鹅卵石是冷的。

于是，这个穷人变卖了他为数不多的家当，买了些简单的生活必需品，在海边安顿下来，开始寻找试金石。他知道如果他拣起一块普通的鹅卵石，发现它是冷的，又把它放下，那可能会上百次地重复拣到同一块石头。所以，当他发现鹅卵石是冷的，就把它扔到海里。

于是，他整天就这样拣、扔，但没有一块是试金石。日复一日，时间就这样一周又一周，一个月又一个月地过去了。他不断机械地重复这个动作——拣起一块鹅卵石，冷的——扔到海里。又拣起一块，又扔到海里。

突然，有一天，大约是中午，他拣起一块鹅卵石，是热的。他还没有意识到自己做了什么时，试金石就已经被他习惯性地扔进了大海。他已经形成了这样一种习惯，就是把拣起来的每一块鹅卵石扔进大海，即使是他渴望的那块出现了，也不例外。

机会亦如此，如果我们不保持警惕，那么总有一天到手的机会也会被我们随手扔掉。

（佚名）

神仙的承诺

　　我们常常慨叹没有机遇，但许多时候，机遇来临时并不是敲着锣打着鼓，而是悄悄从你身边溜过。有心还是无意，是决定能否抓住机遇的关键。

　　有个人在一天晚上碰到一个神仙，这个神仙告诉他说，有大事要发生在他身上了：他会有机会得到很大的一笔财富，在社会上获得卓越的地位，并且娶到一个漂亮的妻子。

　　这个人终其一生都在等待这个奇异的承诺，可是什么事也没发生。他穷困地度过了他的一生，最后孤独地老死了。

　　当他死后，他又看见了那个神仙，他对神仙说："你说过要给我财富、很高的社会地位和漂亮的妻子，我等了一辈子，却什么也没有。"

　　神仙回答他："我没说过那种话。我只承诺过要给你机会得到财富、一个受人尊重的社会地位和一个漂亮的妻子，可是你让这些机会从你身边溜走了。"

　　这个人迷惑了，他说："我不明白你的意思。"

　　神仙回答道："我记得你曾经有一次想到一个好点子，可是你没有行动，因为你怕失败而不敢去尝试吗？"这个人点点头。

　　神仙继续说："因为你没有去行动，这个点子几年以后被另外一个人想到了，那个人一点儿也不害怕地去做了，他后来变成了全国最有钱的人。还有，你应该还记得，有一次发生了大地震，城里大半的房子都毁了，好几千人被困在倒塌的房子里。你有机会去帮忙拯救那些存活的人，可是你怕小偷会趁你不在家的时候到你家里去打劫偷东西，你以这作为借口，故意忽视那些需要你帮助的人，而只是守着自己的房子。"

　　这个人不好意思地点点头。

　　神仙说："那是你去拯救几百个人的好机会，而那个机会可以使你在城

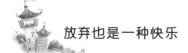
里得到多大的尊崇和荣耀啊！”

"还有，"神仙继续说，"你记不记得有一个头发乌黑的漂亮女子，你曾经非常强烈地被她吸引，你从来不曾这么喜欢过一个女人，之后也没有再碰到过像她这么好的女人。可是你想她不可能会喜欢你，更不可能会答应跟你结婚，你因为害怕被拒绝，就让她从你身旁溜走了。"

这个人又点点头，这次他流下了眼泪。

神仙说："我的朋友啊，就是她！她本来该是你的妻子，你们会有好几个漂亮的小孩，而且跟她在一起，你的人生将会有许许多多的快乐。"

（佚名）

奥尔德林的回答

"成人之美"不但是一种修养，更是一种为人的美德。

1969 年 7 月 16 日，美国土星 5 号火箭腾空而起，将载有三名宇航员的阿波罗 11 号登月飞船送入了太空。经过四天的飞行，登月舱成功在月球表面着陆，两名宇航员带着地球上全人类的关注与重托，首次踏上了月球。

在这两名宇航员中，人们耳熟能详的恐怕只是"登月第一人"阿姆斯特朗，因为他是第一个迈出登月舱的。随着登月行动的成功，阿姆斯特朗的名字已经随着各国新闻记者的报道传到了世界的每个角落。至于第二个踏上月球的奥尔德林，人们似乎没有印象。

一个记者察觉到了人们对奥尔德林的冷落，在庆祝登陆月球成功的记者会上，他大胆地向奥尔德林道出了自己的疑问。

"阿姆斯特朗最先走出太空舱，成为登陆月球的第一个人，你会不会因此感觉有些遗憾？"记者紧紧盯着奥尔德林的眼睛问道，以为能够从他的眼睛中捕捉到些许的遗憾。

出乎意料的是，奥尔德林没有表示不满，反而很有风度地回答："各位，千万别忘了，回到地球时，我可是最先走出太空舱的。"他环顾四周接着说："所以我是由别的星球来到地球的第一个人。"

听了奥尔德林幽默机智的回答，众人哈哈大笑起来。大笑之余，谁也没有忘记对奥尔德林的幽默风度报以最热烈的掌声。

（佚名）

你该怎么办

就要学会放弃自己手中的优势，只有不固守成见，不固守优势，才有机会获得更多。

一家著名的公司正在招聘一位部门经理，考试题目只是一道简单而又"怪异"的选择题。应征者络绎不绝，很多都是高学历、高能力的人才，可就是没有一个人应聘成功。因为那道考试题目实在"怪异"让所有的应征者摸不着头脑。

考试的题目是这样的：在一个暴风雨的晚上，你开着一辆车经过一个公交车站时，看见了三个人。这三个人都在焦急地等着公共汽车。其中一个是快要临死的老人，他需要马上坐车去医院；另一个是位医生，他曾救过你的命，你一直苦于没有机会报答他；第三个则是一个女人（男人），是你做梦都想要娶（嫁）的人。错过了这次机会，你或许再没有机会博得她（他）的青睐。可是，你的车子只能坐下一个人。你该怎么办？

应聘者的答案各不相同，有选老人的，因为老人快要死了，当然首先应该先救他。也有选医生的，因为他救过你，正所谓滴水之恩涌泉相报，这当然是个报答他的好机会。也有选女人（男人）的，因为人的一生能够碰到让自己心动的人的机会实在不多。可是，就是没有一个人能够答对题目。难道还有别的答案？

一个年轻人看过试题后，并没有解释理由，只是简短地说出了自己的答案：把自己的车钥匙给医生，让他带着老人去医院，而我则留下来陪我的梦中情人一起等公车。

就这样，年轻人得到了这个让大家梦寐以求的职位。其他应聘者十分不解，质问原因。为此，公司的老板出面解释。他说，那个车钥匙就是我们手中已经拥有的优势。有时候，要想做大事业，取得大成功，就要学会放弃自己手中的优势，只有不固守成见，不固守优势，才有机会获得更多。

（佚名）

好为人师的狐狸

无论多高深的理论，没有行动的检验，都将是一文不值的。同时，还不要狂妄自大，再渺小和卑微的人也是值得尊重的。

在森林里，有一只狐狸很有地位，它熟读各种经典理论，见识广阔，满腹经纶。但是它狂妄自大，自负异常，以专家自居，经常喜欢在公众面前夸夸其谈，滔滔不绝。

一次外出，它遇见了一只从森林外边来的小花猫。小花猫仰慕狐狸的"才高八斗"，因此便虚心请教。

小花猫问道："尊敬的狐狸先生，近来生活困难，您是怎样度过的?"

狐狸听了，横眉倒立，说："什么? 你这只小花猫，每天只会捉老鼠，像你这样卑微的小动物，有什么资格询问我的生活? 你太不自量力，太不识抬举了! 你学过什么本领? 说来听听!"

小花猫很谦虚地说："我从小只学会了一个本事。"

"什么本事?"

"我只会爬树，尤其是当一只狼狗向我扑来的时候。"

"哈哈，这点儿本领也能拿出来说吗! 我可是精读百科全书，掌握上百种武术，我身边还有满袋的锦囊妙计呢! 你太可怜了! 让我教你逃脱狼狗追逐的绝招吧!"

好为人师的狐狸说着便要从袋中寻找妙计。刚巧，这时一群猎人带了四只猎狗迎面而来。小花猫敏捷地一纵身跳上了一棵树，躲藏在茂密的树叶中。小花猫大声向正在惊慌得不知所措的狐狸说："狐狸先生，赶快解开您的锦囊，拿出脱身妙计来！"

语毕，四只猎狗已扑向狐狸，将它抓住了。

小花猫叹息道："唉，狐狸先生，您知道十八般武艺，却不会使一招半式，如果像我一样懂得爬上树来，您就不会落到这种凄凉的下场了！"

（佚名）

护泉人

任何事物都要在都要用心的去维护，不然受害的会是你自己。

在阿尔卑斯山东边山坡，奥地利村庄附近的森林里曾住着一位老先生。他在多年前被一个镇议会聘用，负责清除山涧水池中的杂物。

泉水从山上的源头流出，直达他们的市镇。他默默地在山上巡回，随时清除树叶和树枝，并抹去可能淤塞和污染清新水流的泥沙。

逐渐地，村庄成了度假胜地。美丽的天鹅在晶莹的泉水上游动，附近各种营业的水车日夜转动，农田自然得到灌溉，从餐厅里望出去的风景赏心悦目。

许多年过去了，一天早上镇议会举行半年一度的会议。审查预算时，某人的视线停在鲜为人注意的泉水守护者薪水上面。

这位负责财务的先生说："这老头是谁？我们为何每年聘用他？没人看见他。这位在山里巡逻的陌生人对我们没啥用处，我们并不需要他！"

经过投票，众人一致同意取消了老先生的职位。

起先数周并没有什么改变。直至秋天来临，树木开始落叶，折断的小树枝掉落在水池里，阻碍了泉水的奔流。一天下午，有人注意到泉水出现了些微棕黄的颜色。到第二个星期，泉水更显得阴暗。再过一周，泉水又多了一层浮在水面的泥土，不久更发出恶臭。水车转得比以前慢了，终于戛然止住。

天鹅和游客皆不复返，各种疾病开始不断侵袭村庄。

尴尬的议会急忙召开特别会议，他们知道他们犯了一个重大错误，决定重新聘用泉水的老守护人……

数周之后，村庄的河水又恢复了清洁。轮子重新转动，新生命再次注入这阿尔卑斯山边的小村庄里。

（佚名）

这是上帝的奖赏

谦让的人，上帝会给予他幸福。愿你永远保持一颗感恩的心。

经济大萧条时期，城市里有很多无家可归的流浪儿。他们衣衫褴褛，食不果腹。有一位善良的面包师，很富有。他召唤来城里最穷的30个小孩，对他们说："在上帝带来好光景以前，你们每天都可以来拿一条面包。"

于是，在每天早晨，就出现这样一个场景：对于面包师提供的面包，这些饥饿的孩子蜂拥而上，围住装面包的篮子你推我搡，因为他们都想拿到最大的一条面包。等他们拿到了面包，顾不上向好心的面包师说声谢谢，就慌忙跑开了。

只有一个女孩，叫格琳琴，她的家庭更悲惨，只有一个瞎眼的妈妈。可是她既没有同大家一起吵闹，也没有与其他人争抢。她只是谦让地站在一步之外，等其他孩子离去以后，才拿起剩在篮子里最小的一条面包。她从来不会忘记亲吻面包师的手以表示感激，然后才捧着面包高高兴兴地跑回家。

有一天，别的孩子走了之后，羞怯的小格琳琴得到一条比原来更小的面包。但她依然不忘亲吻面包师，并向他表达真诚的谢意。回家以后，她切开面包，发现里面竟然藏着几枚崭新发亮的银币。

看到这些银币，她不知道如何是好，便告诉了妈妈，妈妈没有丝毫犹豫，对格琳琴说道："孩子，你立即把钱送回去，一定是面包师揉面的时候不小心掉进去的，赶快去，把钱亲自交给好心的面包师！"

当小格琳琴把银币送回去的时候,面包师微笑着说:"不,我的孩子,这没有错,是我特意把它们放进去的。我要告诉你一个道理:谦让的人,上帝会给予他幸福。愿你永远保持一颗感恩的心。回家去吧,告诉你妈妈,这些钱是上帝的奖赏。"

(佚名)

有些事并不像它看上去那样

　　有些时候事情的表面并不是它实际应该的样子。如果你有信念,你只需要坚信付出总会得到回报。你可能会发现,直到最后才能发现事实的真相……

　　两个旅行中的天使到一个富有的家庭借宿。

　　这家人对他们并不友好,并且拒绝让他们在舒适的客人卧室过夜,而是在冰冷的地下室给他们找了一个角落。当他们铺床时,较老的天使发现墙上有一个洞,就顺手把它修补好了。

　　年轻的天使问为什么,老天使答道:"有些事并不像它看上去那样。"

　　第二晚,两人又到了一个非常贫穷的农家借宿。

　　主人夫妇俩对他们非常热情,把仅有的一点点食物拿出来款待客人,然后又让出自己的床铺给两个天使睡。

　　第二天一早,两个天使发现农夫和他的妻子在哭泣,他们唯一的生活来源——一头奶牛死了。

　　年轻的天使非常愤怒,他质问老天使为什么会这样?第一个家庭什么都有,老天使还帮助他们修补墙洞;第二个家庭尽管如此贫穷还是热情款待客人,而老天使却没有阻止奶牛的死亡。

　　"有些事并不像它看上去那样。"老天使答道,"当我们在地下室过夜时,我从墙洞看到墙里面堆满了金块。因为主人被贪欲所迷惑,不愿意有人分享他的财富，所以我把墙洞填上了。昨天晚上，死亡之神来召唤农夫的妻子，我让奶牛代替了她。所以有些事并不像它看上去那样。"

（佚名）

当你无法选择时

当一个人无法选择工作时，至少永远有一样是可以选择的：好好干或者得过且过。

曾任北京外交学院副院长的任小萍实在是个奇特的女人。她说，在自己的职业生涯中，每一步都是组织上安排的，自己根本没有选择。但是，在每一个工作岗位上，她也有自己的选择，那就是要比别人做得更好。

1968年，任小萍成为北外的一名工农兵学员。那时候，她是班级里年纪最大而水平最差的人。开学后的第一堂课，她就因为回答不出问题而站了一节课，被同学们称为"掉队的阶级兄弟"。可等到毕业的时候，这个"阶级兄弟"已经成为全年级最好的学生。

大学毕业后，任小萍被分配到英国大使馆做接线员。起初，她很不看好接线员的工作，觉得在别人眼中这是很没出息的。可是，任小萍就是有着那么股冲劲儿，就是必须把自己的工作做好。她把使馆所有人的名字、电话、工作范围都背得滚瓜烂熟，就连家属的名字她都不放过。有些人有事需要解决，却不知道该找谁，她就多问问，尽量帮对方找到相关的解决部门。

可以说，任小萍把这个再普通不过的工作做出了花。渐渐地，使馆人员有事外出并不通知翻译，而是直接给她打电话。有很多公事私事也会委托于她，任小萍成为全面负责的留言点、大秘书。

没多久，任小萍就因工作出色被破格调去给英国某大报的首席记者做翻译。这位记者是个名气很大而脾气也很大的老太太。她得过战地勋章，被授过勋爵,为人十分耿直倔强,从来不顾忌他人的面子,硬是把前任翻译给赶跑了。

当她得知要一个接线员做自己的翻译时,十分恼火,认为这种资历的人根本不配做翻译。后来,经过英国大使馆的人再三劝阻,她才勉强同意试一试。一年后,由于任小萍工作认真,表现出色,老太太逢人便夸"我的翻译比你的好上十倍!"

这一生,任小萍曾经做过的工作有很多很多,但无论哪一个工作都被她做得有声有色。正是这样的选择,决定了将来她被更好的工作所选择。

(佚名)

半杯水的神话

老乔治朴素的语言和行为,是深谙经营之道的,从小事做起,从半杯水开始,从最打动人心的角度入手,他创造了一个奇迹。

哈利和朋友困在沙漠,后来哈利发现了满满一杯水,是先给朋友,还是留给自己慢慢救命?

哈利没有把水分给朋友,他竭尽全力向沙漠深处跑去,想独享这杯比黄金还要贵重的水,但朋友在后面使劲儿追赶。

哈利踉踉跄跄,慌不择路,又要护住杯中的水,累得够呛,最后一不小心,一杯水全泼到了黄沙里。结果两人一滴也没喝进嘴,筋疲力尽,求生的勇气全无,很快被黄沙埋葬。

也许,相当多数的人会自觉或不自觉地选择哈利的做法。

其实分半杯水给别人,同时也救了自己。

倘若把半杯水给别人,还给了自己成功的最大机会,还可能成为上帝一样的恩人。再以一个故事论证。

乔治是英国一家手工作坊的小业主,按照马克思资本积累原理,完全有可能转化为大资本家。但是很不幸,一场经济危机使他陷入了困境,产品卖不出去,资金周转不开,物价暴涨,他面临破产的威胁。

友人劝他赶快裁员，以减轻负担。乔治思考良久，准备采用友人的建议。

消息不知怎么传到了老乔治的耳朵里。第二天清晨，老乔治来到办公室，勒令他收回成命。

乔治不服，老乔治便现场解除了乔治的职务。

中午，老乔治走进了工人餐厅，看见大家一脸憔悴、苍白，碗里是白水煮的青菜和几片豆腐。老乔治立刻从街上的小餐馆花三英镑买回两碗红烧肉，端进餐厅，哽咽着说："兄弟们受苦了。现在，我已解除了他的职务，并且从今以后，每天中午我和你们一起吃饭——当然，价值三英镑的红烧肉必不可少！"工人们欢呼起来。

那时候，三英镑是个不小的数目——可以供老乔治夫妇一天的基本生活。

每天三英镑，所带来的效益却是无法计算的，因为工人们心存感激，便拼命干活儿，努力降低成本，竟然使这个手工作坊慢慢渡过了难关，发展壮大，最终成为全英一家著名的电器公司，拥有资产过千万。

细细想来，老乔治不过是把半杯水给了工人。老乔治朴素的语言和行为，是深谙经营之道的，从小事做起，从半杯水开始，从最打动人心的角度入手，他创造了一个奇迹。

（佚名）

坚持一分钟

很多时候，我们会在最后一刻放弃坚持，而失去了马上到来的生命转折。遇到困境的时候，觉得自己快坚持不下去的时候，告诫自己：不要放弃，放弃意味着前面的努力都前功尽弃；再坚持一分钟，也许就获得了重生的可能。

爱·罗塞尼奥是世界知名的国际马拉松赛冠军，所获奖项无数。一次，当他从领奖台上走下来的时候，有记者问他，是什么力量让他一直都能跑在最前面，从来没有停下来歇一口气？他想了想，就讲了一个自己的故事。

他在上中学的时候，一次参加学校举办的 10 公里越野赛。最初的时候，他跑得很轻松，慢慢地，就有些体力不支了。他汗流浃背，脚底发虚，眼冒金星，他很想停下来歇一歇，喝口水。这时，一辆校园大巴开了过来，校园大巴是专门在赛跑路线上接送那些跑不动或者受伤的学生的。他太想上车了，但想到也许马上就到终点了，就忍住没上车。

又跑了一段时间，他觉得真的跑不下去了，这时他两眼模糊，胸口发紧，双腿如灌铅般的沉重，停下来休息的愿望再一次强烈地袭了上来。校园大巴又开过来了，他迟疑了一下，还是压制住了他那极速膨胀的渴望，继续朝前跑。

不知又跑了多久，他感觉这条路似乎没有尽头，一直也跑不完。他到了一个小山坡前，感到全身虚脱，眼冒金星，两条腿似乎不是自己的。眼前的这个小小的山坡，对他来说不亚于攀登珠穆朗玛峰。他绝望了，决定放弃，不再坚持，当校园大巴再一次开过来的时候，他没有犹豫，上去了。

让他没想到的是，校园大巴开过那个小山坡就到了终点。他真是后悔极了，如果自己再坚持一分钟，越过小山坡，就到了终点，这是多么令人骄傲的事情啊！

那次以后的任何一次比赛，他都坚持了下来。当感到自己跑不动、快要泄气的时候，他就不断地对自己说："不要停止，不要放弃，再坚持一分钟，就到终点了！"就这样，他一直不放弃，最终跑到世界冠军的领奖台！

（佚名）

两个树桩

早年受过挫折的人都是幸运的，他们还有从头做起的时间，可以鼓起勇气，不忧不惧地学习一门东西，最后成为有用之材。

湖畔本有两棵树，一棵粗如熊腰，一棵细若手臂。人们在给湖底清理淤泥时，它们被锯掉了。人马离去，岸上就多了两棵树桩。

冬天过去，春天来临，湖边的树干开始抽芽，没多久，已是满湖春色。也许是灾难过于沉重,也许这本身就是一种灭顶之灾。总之,对岸边的热闹,两棵树桩没有一丝回应。人人都以为它们是两棵死了的树桩,园林处的人也都认为它们活不了了。

一天,来了一个花木工人,要挖掉它们重新植树。这时一个散步的老人走过来,说,大的不敢保证,小的一定会活。

花木工人看了看树桩,没有动,收起工具走了。

就在夏天将要到来时,小树桩果如老人所言,拱出一粒嫩芽。它立在截面的边沿,如满脸怒气的壮士,粗粗的、紫紫的,显得非常威武有力。那根大的,也拱出了嫩绿的芽,它们密密地围成一圈,就像一个绿色的圆。

花木工人开始浇水,开始加固围栏,他希望它们长成大树。

一年过去了,小树桩上的嫩芽长成了手指粗的纸条,大树桩上的嫩芽长成了一丛灌木。花木工人很希望大树桩的嫩芽也长出粗壮的枝条来,他砍去多余的枝条,留下最有希望的一枝,可是,一点儿用也没有。你掰去多余的树条,它又会长出来。你今年掰,它明年长;你明年掰,它后年长。你有意留下的那一枝,则永远长不大,它总是长到一尺高的时候就枯萎。第二年再留,它依然枯萎。

就在花木工人打算把它捆扎起来,仅露一条枝条的时候,那位散步的老人经过这儿,说,没有用,它太老了。

果然,三年后,这棵拱过多次芽的大树桩在最后一根枝条枯萎后,悄无声息地死了。现在,那棵小树桩已经长成一棵亭亭玉立的大树,试着去抱,已经抱不过来了。

有一天,散步的老人又来这儿,花木工人遇见了他,很想解开心中的迷惑。

老人说,树和人一样,凡是早年受过挫折的人都是幸运的,他们还有从头做起的时间,可以鼓起勇气,不忧不惧地学习一门东西,最后成为有用之材。到了四五十岁才灾祸临头,就真正可怜了,他已没有从头做起的时间和精力。

(佚名)

姐妹俩

"其实,我不比你聪明,不比你能干,我比你成功只在于我比你
多了一次努力,我不会轻易放弃,更不会对任何事情浅尝辄止。"

一对儿对城市充满幻想的姐妹走出了农村,来到了城市,她们要在这个陌生的城市,开辟一番新天地。终于,几经周折她们才被一家礼品公司聘为业务员。

最初做业务都是艰难的,因为她们没有固定的客户,也没有任何关系,每天只能提着沉重的钟表、影集、茶杯、台灯以及各种工艺品的样品,沿着城市的大街小巷去寻找买主。外面的世界比她们想象的要残酷得多。三个月过去了,她们跑断了腿,磨破了嘴,仍然到处碰壁,甚至连一个钥匙链也没有推销出去。

无数次的失望磨掉了妹妹最后的耐心和斗志,她向姐姐提出两个人一起辞职,另外再找工作。姐姐拒绝了,说:万事开头难,再坚持一阵,也许马上就有收获,再说已经坚持了这么久,也积累了经验,如此放弃,有些不甘心。妹妹不顾姐姐的挽留,毅然告别了那家公司。

接下来的日子,妹妹按照招聘广告的指引到处找工作,姐姐依然提着样品四处寻找客户。起初,妹妹寻找新工作的热情让她对新生活又有了激情,姐姐的工作还是没有什么进展。

慢慢地,情况发生了改变。妹妹一直在求职,却一直无功而返;这让她更加失望;姐姐却不停地拿回推销出生意的订单,刚开始很少,也许只有一个,渐渐地越来越多。直到一家公司向姐姐订购五百套精美的工艺品作为与会代表的纪念品,总价值将近40万元,姐姐因此拿了将近5万元的提成,淘到了打工的第一桶金。而这个公司,姐姐曾经登门拜访过不下十次,被拒绝过、被冷脸过、被赶出去过,但最后因为她的诚意和敬业,还是成功了。从此,姐姐的业绩不断攀升,订单一个接一个地来。

又过了五年,姐姐拥有了汽车,还拥有了一百多平方米的住房和自己的礼品

公司。而妹妹的工作却走马灯似的换着，生活得毫无着落，甚至连穿衣吃饭都要靠姐姐资助。

妹妹不明白这是什么原因，便向姐姐请教成功真谛。姐姐说："其实，我不比你聪明，不比你能干，我比你成功只在于我比你多了一次努力，我不会轻易放弃，更不会对任何事情浅尝辄止。"

（佚名）

最动听的声音

那天凌晨响彻哥本哈根市的警笛声，是他们一生当中听到的最动听的声音。

凌晨两点一刻，当丹麦的首都哥本哈根市沉浸在一片沉睡中的时候，消防报警中心的电话突然响起了一阵急促的报警声。

当时一位见习消防队员正在值夜班。他迅速拿起电话筒，像平常那样说道："喂，您好！这里是哥本哈根市消防报警中心，请问您需要哪些帮助？"

接着，见习消防队员听到电话的另一端传来了衰弱的声音："您好，报警中心，我刚刚不小心摔了一跤，年岁太大了，就在自己家的地板上摔了一跤。"

见习消防队员听出来电话的另一端是一位年迈的老妇人，马上又问："请问您身边有别人吗？比如儿女或者保姆等？"

电话另一端没有马上传来回应，见习消防队员又问了一遍，过了片刻，他才听到老妇人的回答："一直以来我都是一个人生活，过去从来没有出现过类似的情况，也许今后我真应该考虑请一位保姆了。"

听着老人虚弱的声音，见习消防队员有些着急，于是迅速问道："请问您摔得是否严重？您能说一下都哪里受伤了吗？"

老妇人回答道："我现在……感觉头……很晕……"

听到老妇人的声音越来越微弱，而且还断断续续的，见习消防队员感到事情越来越不妙了，他急忙对着话筒问道："请问您居住的是哪个街区？多少号房间？"

老妇人回答说："我忘记了。"

见习消防队员马上联系了电信局，希望能够通过电话来找到老人的地址，可是那需要一连串的技术操作，而这个时间，人员不齐，根本没办法快速做到。无计可施的见习消防队员叫醒了刚刚睡着的中尉，中尉马上拿起了电话："夫人，你还在流血吗？疼不疼？"

"不疼，只是身子瘫痪了，两条腿动不了……脸上全是血……"

"您既然看得见，能告诉我地板是方砖还是镶木地板吗？"

"是老式的镶木地板，要打蜡的。"

"天花板高吗？"

"高，很高。"

"这么说您住在老式的房子里。百叶窗关着吗？"

"没关。"

中尉兴奋地对身后的见习消防队员说："马上去寻找一幢老式房子，窗口有灯光，大约二三层。"

等到中尉再次对着电话询问时，电话的另一端却是出奇的寂静，老妇人就像突然消失了一样，不过中尉知道对方根本没有挂断电话。中尉继续对着话筒一遍又一遍地继续询问，可是电话那一端始终没有一丝回应。中尉一边不放弃与老妇人的连线，一边摁响警铃，通知所有的值班消防员准备执行任务。

当时所有在场的人都希望听到老妇人继续说话的声音，可是一刻钟过去了，半个小时过去了，一个小时过去了，电话的另一端始终悄无声息，仿佛时间又回到了电话铃还未响起的那个寂静的时刻。

看来老妇人一定是晕了过去。如果不及时解救的话，那么已经摔伤的老妇人很可能会出现危险。大家都已经做好了各种救人的准备：消防车随时准备出发，急救车也被叫来了，可是现在最重要的问题是，谁也不知道这位老妇人家住在哪里。

所有人都绞尽脑汁地想着找到老妇人的办法。看着窗外的一辆应急消防车，见习消防队员突然想到了一个办法，当他把自己的想法向中尉报告时，中尉同意按照他的方法来展开救助。

在寂静的凌晨时分，哥本哈根市的各个街区突然之间都出现了响彻云霄的消防车的警笛声，全哥本哈根市的人们都被这一声声尖啸的警笛声从睡梦中惊醒了，人们纷纷打开灯，想要知道附近究竟有什么事情发生了。

一直拿着电话听筒的中尉忽然兴奋地喊道："我听到了消防车的声音！我听到了消防车的声音！有一辆消防车肯定就在老妇人所在地的附近。"

接着，指挥中心传来了一个声音："一号消防车停止鸣笛。"

中尉示意继续，指挥中心又传来了一个声音："二号消防车停止鸣笛。"

一直等到十二号消防车停止鸣笛之后，中尉马上做了一个停止的手势，因为他听到电话另一端突然由刚才的警笛阵阵变得极为安静。

于是，指挥中心又通知十二号消防车："晕倒的老妇人就在你们附近，请用扩音器向你们周围的居民说明事情经过，请他们都把自己家的灯关掉，剩下的那个没关灯的房间肯定就是老妇人的家。"

接着，灯火通明的街区很快暗了下来，只有十二号消防车旁边的一幢楼里还有一盏灯亮着。72 岁的老妇人终于被送到了医院。因为抢救及时，老妇人已经从昏迷中清醒过来，而且她受的伤也迅速得到了救治。那天清晨，哥本哈根市的消防报警中心不断接到市民们问候老妇人病情的电话。还有许多市民打来电话说，那天凌晨响彻哥本哈根市的警笛声，是他们一生当中听到的最动听的声音。

（佚名）

小公主的难题

　　很多问题根本不像我们以为的那样，甚至根本不存在，我们只是庸人自扰而已。

　　从前，有一个生病的小公主，她天真地告诉疼爱她的父王，如果她能拥有天上的月亮，病就会好的。

　　爱女心切，国王立刻召集天下聪明智士，要他们想办法拿到月亮，但无论是总理大臣、宫廷魔法师，还是宫廷数学家，没有一个人能够完成任务。纵然他们每个人在过去都完成过许多极富挑战的任务，但要拿月亮，谁都没有办法。

　　而且，他们分别对拿月亮的困难有不同的说辞：总理大臣说它远在 3.5 万里之外，比公主的房间还大，而且是由熔化的铜组成的，魔法师说它有 15 万里远，用绿奶酪做的，而且大小整整是皇宫的两倍，数学家说月亮远在 30 万里之外，又圆又平，像个钱币，有半个王国大，还被粘在天上，不可能有人能够把它拿下来……

　　国王面对这些"不可能"又烦又气，只好叫宫廷小丑给他弹琴解闷。

　　小丑问明了一切后，得出了一个结论：如果这些有学问的人说得都对，那么月亮的大小一定和每个人想的一样大、一样远。所以，当务之急是弄清楚小公主心目中的月亮有多大、有多远。

　　国王一听，茅塞顿开，吩咐小丑解决这个难题。

　　小丑立即到公主的房里探望她，并顺口问公主："月亮有多大？"

　　"大概比我拇指的指甲小一点儿吧！"公主说，因为她只要把拇指的指甲对着月亮就可以把它遮住了。

　　"那么有多远呢？"

　　"不会比窗外的那棵大树高！"公主之所以这么认为，因为有时候它会卡在树梢间。

"用什么做的呢?"

"当然是金子!"公主斩钉截铁地回答。

比拇指指甲还要小,比树还要矮,用金子做的月亮当然容易拿啦!

小丑立即找金匠打了一个小月亮,穿上金链子,给公主当项链,公主高兴极了,没几天病就好了。但是国王仍旧很担心。到了晚上,真月亮还是会挂在天上,如果公主看到了,谎言不就被揭穿了吗?

于是,他又召集了那班"聪明人",向他们征询解决问题的方法,怎样才能不让公主看见真正的月亮呢?有人说让公主戴上墨镜,有人说把皇宫的花园用黑绒布罩起来,有人说天黑之后就不住地放烟火,以遮蔽月亮的光华……当然,没一个主意可行。

怎么办?心急的国王深恐小公主一看见真月亮就会再次生病,但又想不出解决方法,只好再次找来小丑为他弹琴。

小丑知道了那些聪明大臣的想法后,告诉国王,那些人无所不知,如果他们不知道怎样把月亮藏起,就表示月亮一定藏不住。这种说辞,只能让国王更沮丧。

眼看着月亮已经升起来了,就快照进公主房间的月亮了,国王大叫:"谁能解释,为什么月亮可以同时出现在空中,又戴在公主的脖子上?这个难题谁能解?"

小丑灵机一动,他提醒国王,在大家都想不到如何拿到月亮的方法时,是谁解决了这个难题呢?是小公主本人,她比谁都聪明。现在,又有难题出现了,不问她,还问谁?于是,在国王来不及阻止的瞬间,他就赶到了公主的房间,向公主提出了这个问题。

没想到公主听了哈哈大笑,说他笨,因为这个问题太简单了,就像她的牙齿掉了会长出新牙,花园的花被剪下来仍会再开一样,月亮当然也会再长出来啦!

哈哈!困扰了所有聪明人的问题,原来对小公主根本不是问题呀!

（佚名）

多为别人着想

为别人着想的人，处处受尊敬；而一个只为自己打算的人，走到哪里都会让人瞧不起。

12岁的菲菲问妈妈，为什么在屋里走动时，总像怕踩到地雷似的。妈妈笑了，说楼下不也住着一户人家吗？

菲菲虽然明白了妈妈的意思，她还是觉得在自己家里该轻松地生活。妈妈认真地说，咱家的地板是张爷爷家的天棚，走路声音大了，爷爷奶奶受不了。菲菲撅着小嘴，那为什么咱家楼上不这样想，他们总是搞出"砰砰"的声音。

妈妈说楼上有一个两岁的小弟弟，他要长大，蹦呀跳呀需要运动。菲菲的小嘴撅得更高了，那受委屈的不就是咱家了？妈妈更认真了，说："能为别人着想，是人生的一等功夫。"接着妈妈给菲菲讲了一个故事。

那年，妈妈从乡下奶奶家回城。在村头汽车停车点有三个人先后上了车——怀着五个月身孕的菲菲妈妈，一位中年妇女扶着一位老者。

妈妈主动让那个中年妇女扶着的老者坐了那个座位，可刚坐下，老者又站起来。指着妈妈说，你不方便，你来坐吧。妈妈不肯，就在这当儿，刚上车的一个小伙子十分麻利地从老者背后挤过去，坐在那个座位上。老者盯着小伙子，很平静地说："小老弟，好好看看这个位置你该不该坐！"小伙子抬头瞪了老者一眼，根本不在乎。

老者转过身，喃喃地自语道："能为别人着想，是人生的一等功夫。"过了一会儿又说："争食抢窝，连禽兽都不如。"

这回小伙子吱声了："你这个老东西怎么骂人！"

"这不是骂人，我是关心你爱护你呀！"

小伙子不领情："你算谁呀，活得累不累——癌症！"

那个扶着老者的妇女早已气得眼里滚出了泪水："你说对了，我爸是个癌症患者,已经是晚期了——你要也是个癌症,你就安心地坐在那儿骂这个老人吧!"

同车的旅客都被这个情景震动了,很多人站起来给老者和妈妈让座。那个小伙子没脸在车上再坐下去,刹车时,他飞快地下了车,头也不回地走了。

(佚名)

成功之门

生活中蕴藏着无数的机会,关键在于我们能不能发现、挖掘并且有效地利用它。

有位年轻人乘火车去某地。火车行驶在一片荒无人烟的山野之中,人们一个个百无聊赖地望着窗外。

前面有一个拐弯处,火车减速,一座简陋的平房缓缓地进入他的视野。也就在这时,几乎所有乘客都睁大眼睛"欣赏"起寂寞旅途中这道特别的风景。有的乘客开始窃窃议论起这房子来。

年轻人的心为之一动。返回时,他中途下了车,不辞辛苦地找到了那座房子。主人告诉他,每天火车都要从门前驶过,噪声实在使他们受不了啦,很想以低价卖掉房屋,但很多年来一直没有人问津。

不久,年轻人用3万元买下了那座平房,他觉得这座房子正好处在拐弯处,火车经过这里时都会减速,疲惫的乘客一看到这座房子就会精神一振,用来做广告是再好不过的了。

很快,他开始和一些大公司联系,推荐房屋正面这道极好的"广告墙"。后来,可口可乐公司看中了这个广告媒体,在3年租期内,支付给年轻人18万元租金……

(佚名)

只有白人才能用

　　身体发肤、出身等等都是我们无法选择的，但我们可以选择奋斗，选择努力去改变这一切。没有任何人可以让你自惭形秽。只要你想，同时付诸努力，便没有什么不可能，一切都可能实现。

　　一位黑人母亲带女儿到伯明翰买衣服。一位白人店员挡住女儿，不让她进试衣间试穿，"此试衣间只有白人才能用，你们只能去储藏室里一间专供黑人用的试衣间。"

　　可倔强的母亲根本不理睬，她扭过头来冷冰冰地对店员说："我女儿今天如果不能进这间试衣间，我宁可换一家店购衣！"

　　女店员为留住生意，只好领她们去了一间远处的试衣间，自己站在门口望风，生怕有人看到。

　　那情那景，让这个黑人女儿感触良深。

　　还有一次，女儿在店里摸了摸帽子而受到白人店员的训斥，这次倔强的母亲又挺身而出："这是我的女儿，你没有权利对她这样说话。"然后，她对女儿说："康蒂，你现在把这店里的每一顶帽子都摸一下吧。"女儿快乐地按母亲的吩咐，真把每顶帽子都摸了一遍，女店员只能站在一旁干瞪眼。

　　遭遇了很多类似的歧视和不公后，母亲对女儿说："记住，孩子，这一切都会改变的。这种不公正不是你的错，你的肤色和你的家庭是你不可分割的一部分，这没有什么不对。要改变自己低下的社会地位，就要做得比别人更好，你才有机会。"

　　从那一刻起，不卑不屈成了女儿受用一生的财富。她坚信只有教育才能让自己做得比别人更好，教育不仅是她自身完善的手段，而且还是她捍卫自尊和超越平凡的武器！后来，这位出生在亚拉巴马伯明翰种族隔离区的黑丫头，荣登"福布斯"杂志"2004全世界最有权势女人"的宝座，她就是现任美国国务卿赖斯。

赖斯回忆说，"母亲对我说，康蒂，你的人生目标不是从'白人专用'的店里买到汉堡包，而是，只要你想，并且奋斗，你就有可能做成任何大事。"

（佚名）

爱出者爱返

世界是互动的，你付出多少，就会得到多少，只是时间早晚的问题。

有个青年很努力，但是在学习、生活、工作中却遭遇了许多误解和挫折，由于得不到别人的理解，因此他开始变得愤世嫉俗，养成了以戒备和仇恨的心态看待他人的习惯。他觉得他生存的环境很压抑沉闷，觉得整个世界都在排斥他，因此度日如年，几乎要崩溃。

有一天他登上了一座景色宜人的大山。坐在山上，他无心欣赏幽雅的风景，想想自己这些年的遭遇，内心的仇恨像开闸的洪水一样，忍不住大声对着空荡幽深的山谷喊："我恨你们！我恨你们！我恨你们！"

话一出口，山谷里传来同样的回音："我恨你们！我恨你们！我恨你们！"他越听越不是滋味，认为大山也在和他作对，于是他又提高了喊叫的声音。可是他骂得越厉害，回音越大越长，这让他更加恼怒。

就在他再次大声叫骂时，从身后传来了"我爱你们！我爱你们！我爱你们！"的声音，他扭头一看，只见不远处寺庙里一方丈在冲着他喊。

片刻后方丈微笑着向他走来，问他如何这样充满了仇恨。他见方丈面善目慈，便一股脑儿说出了自己所遭遇的一切。

听了他的讲述，方丈笑着说："晨钟暮鼓惊醒多少山河名利客，经声佛号唤回无边苦海梦中人。我送你4句话：

第一句话：这世界上没有失败，只有暂时没成功，你只是还没有到成功的时候；

第二句话：改变世界之前，需要改变的是你自己，只有改变自己，提高自己，最后才能成功；

第三句话：改变从决定开始，决定在行动之前，只有行动才能改变一切；

第四句话：改变自己命运的是决心，不是环境。"

听了方丈的一番话，这个青年若有所思，表情很复杂。方丈看透了他的心思，接着说道："倘若世界是一堵墙壁，那么爱是世界的回音壁。就像刚才我们的回音，你以什么样的心态说话，它就会以什么样的语气给你回音。爱出者爱返，福往者福来。为人处世许多烦恼都是因为对外界苛求得太多而产生的。你热爱别人，别人也会给你爱；你去帮助别人，别人也会帮助你。世界是互动的，你给世界几分爱，世界就会回你几分爱。爱给人的收获远远大于恨带来的暂时的满足。"

听了方丈的话他顿悟，愉快地下山了。

回去后他以积极、健康、友爱的心态对待身边的一切，他和同事之间的误解没有了，没有人和他过不去了，工作上他比以往顺利了，他也变得快乐和乐观了。

（佚名）

爱拼才会赢

比别人快，较别人敢于冒险，因此，能把握更多的机会，所以往往是成功者。

当人们在冷天游泳时，大约有三种适应冷水的方法：

有些人先蹲在池边，将水撩到身上，使自己能适应之后，再进入池子游；有些人则可能先站在浅水处，再试着步步向深水走，或逐渐蹲身进入水中；更有一种人，做完热身运动，便由池边一跃而下。

据说最安全的方法，是置身池外，先行试探；其次则是置身池内，渐次深入；至于第三种方法，则可能造成抽筋甚至引发心脏病。

但是相反的，最感觉冷水刺激的也是第一种，因为置身较暖的池边，每撩一次水，就造成一次沁骨的寒冷；倒是一跃入池的人，由于马上要应付眼前游水的问题，反倒能忘记了周身的寒冷。

与游泳一样，当人们要进入陌生而困苦的环境时；有些人先小心地探测，以做万全的准备，但许多人就因为知道困难重重，而再三延迟行程，甚至取消原来的计划；又有些人，先一脚踏入那个环境，但仍留许多后路，看着情况不妙，就抽身而返；当然更有些人，心存破釜沉舟之想，打定主意，便全身投入，由于急着应付眼前重重的险阻，反倒能忘记许多痛苦。

在生活中，我们该怎么做呢？如果是年轻力壮的人，不妨做"一跃而下"的人。虽然可能有些危险，但是你会发现，当别人还犹豫在池边，或半身站在池里喊冷时，那敢于一跃入池的人，早已自由自在地来来往往，把这周遭的冷，忘得一干二净了。

（佚名）

一匹叫"春丽"的马

但不管如何，只要努力了，只要毫不气馁，人生就是有意义的，也是值得尊重的。

在中央电视台"社会记录"节目里，介绍了日本的一匹名马，这匹马有一个很女性化的名字：春丽。

春丽是日本高知县的一匹赛马。它之所以成为明星上电视，不是因为它是一匹百战百胜的马，不是因为它能征善战屡战屡胜。而恰恰相反，在它的赛场生涯中，它从来没有赢过。在它连败100场时，国家电视台NHK做了专题报道，这让它在一夜之间成为日本家喻户晓的明星。越来越多的人专程来看它，许多人给它写信、寄来一箱箱的胡萝卜和苹果，甚至捐赠财物。

它的第106场比赛，在公众的呼吁下，由全日本最优秀的骑师与它搭档，大家都希望它能赢得这一场比赛。然而这场比赛，春丽在11匹赛马中，只是跑了个第10名。人们太想让它赢得一场比赛了，不是为了满足人们的好奇心，只是觉得这匹马苦战了这么久，这么多次的失败太残酷，人们不忍心让它再失败。可这次，最优秀的骑师也无法改变这种命运。可即便这样，人们还是没有厌弃它，而是继续为它呐喊加油，为它高唱《春丽之歌》。歌中这样唱道："今天仍然是最后一名，还是不行啊，我是不气馁的春丽，一心一意朝着自己坚信不疑的道路前进。还要继续努力的春丽，梦想的终点一定会到来。"

到目前为止，连创113场连败不胜纪录的春丽已届暮年，按照日本赛马界的规矩，一匹从来没有获得过冠军的赛马，退出赛场后将被屠宰。但日本的公众强烈要求刀下留情，使它得以破例逃生。现在，春丽退役后将靠公众的捐赠在北海道安享晚年。

崇拜英雄，歌颂胜利者，是人之常情。然而，一匹屡战屡败的赛马却得到如此高的荣誉，不能不让人感喟。日本公众看重的，是春丽不懈的努力。一匹从来没有赢过的马，每次出场都充满斗志，精神抖擞，尽全力奔跑，从不灰心懈怠，正是这一点，感动了日本人。

春丽的经历让人们知道：输也是一种人生，也应该受到尊重。

（佚名）

这就是救我的那个人

爱属于那些敢于付出自己的宝贵生命，并敢于保持自己本色的人。真心实意地爱别人，才能被别人爱，这就是爱的真谛。

一个可怜的小女孩从小就失去了双亲，与奶奶相依为命，住在楼上的一间卧室里。一天夜里，房子突然起火了，奶奶在抢救孙女时不幸被火烧死了。大火迅速蔓延，一楼已是一片火海，小女孩仍然被困在楼上。

邻居焦急地等着火警的到来，在火警前来的时刻，都无可奈何地站在外面驻足观望，火焰已经封住了所有的进出口。小女孩出现在楼上的一扇窗口，声音凄厉地哭喊着救命。

人群中传着一个让人失望的消息：消防队员正在扑救另一场火灾，要晚几分钟才能赶来。这个时候，一个年轻的男人扛着梯子出现了，梯子架到墙上，他马上就钻进火海之中。他再次出现时，手里抱着小女孩。孩子交给了下面迎接的人群，自己则消失在茫茫人海之中。

火灾终于被扑灭了，这个可怜的小女孩没有了奶奶，在世界上已经是彻底的无亲无故了。几周后，镇政府召开群众集会，商议由谁来收养这个可怜的孩子。

想收养这个孩子的好心人有很多。一位已经退休的老教师希望收养这孩子，说她能保证孩子受到良好的教育；一个淳朴的农夫也想收养这孩子，他说孩子在农场会生活得更加健康惬意；其他人也纷纷发言，述说把孩子交给他们抚养的种种好处。

最后，本镇最富有的居民站起来说话了："你们提到的所有好处，良好的教育和惬意的环境，我都能给她，并且能给她金钱和金钱能够买的一切东西。"

意外的是，从始至终，小女孩一直沉默不语，眼睛望着地板，不说一句话。

"还有谁要发言？"主持人问道。一个颠簸的男子从大厅的后面走上前来。他步履缓慢，似乎在忍受着剧烈的痛苦。他径直来到小女孩的面前，朝她张开了双臂。人群沸腾起来了。他的手上和胳膊上布满了无数可怕的伤疤。

"这就是救我的那个人！"小女孩叫出声来，一下子蹦起来，双手紧紧地抱住了男人的脖子，就像她遭难的那天夜里一样。她把脸埋进他的怀里，抽泣了一会儿，然后，她抬起头，朝他笑了。

"现在休会。"会议主持人宣布道。

（佚名）

"倒霉鬼"的抽签

生活中，往往就有很多这样的绝境，再坏一点，便是希望的开始，只要你善于谋划自己的运气。

美国实业界巨子华诺密克参加一年一度在芝加哥举行的美国商品展览会。

一次，他的运气仿佛不佳，根据抽签的结果，他的展位被分配到了一个极为偏僻的角落处。

所有员工都为这个结果倒吸一口冷气，这个地方是很少有人光顾的，更别说看他们的样品了。鉴于他的运气"糟透了"，替他设计展位的装饰工程师萨蒙逊劝他放弃这个展览，别花那些冤枉钱了，等明年再来参展。

但华诺密克却不以为然，反而对萨蒙逊说："问你一个问题，你认为是机会来找你，还是由你自己去创造呢？"

萨蒙逊回答说："当然是由自己去创造了，任何机会都不会从天而降！"

华诺密克愉快地说："现在，摆在我们面前的难题，将是促使我们创造机会的动力。萨蒙逊先生，多谢你这样关心我。但我希望你将关心我的热情用到设计工作上去，为我设计出一个美观而富有东方色彩的展位。"

萨蒙逊开始冥思苦想，果然不负重托，设计出了一个古阿拉伯宫殿式的展位，展位前面的大路变成了一个人工做成的大沙漠，当人们从这儿经过时，仿佛置身于阿拉伯世界一样。

华诺密克满意极了。他吩咐后勤主管让新雇来的那254个男女职员一律穿上阿拉伯国家的服饰，特别要求女职员都要用黑纱把面孔下部遮盖住，只露出两只眼睛，并且立即派人从阿拉伯买来6只骆驼来做运输货物之用。

同时，他还派人做了一大批气球，准备在展览会上使用。当然，所有这一切都是秘密操作的，任何人不得泄露出去。否则，一律开除。

华诺密克的阿拉伯式展位一经做成，就引起了人们的种种猜想，不少人在互相询问"那个家伙想干什么"。更想不到的是，一些记者把这种异想天开的独特造型拍照进行了报道，这更引起了人们的兴趣。

开展后，展览会上空飞起了无数色彩斑斓的气球。这些气球都是精心设计过的，升空不久后，便自动爆破，变成一片片胶片纷纷撒落下来。

有人好奇地捡起一看，只见上面写着："当你捡到这枚小小的胶片时，亲爱的女士或先生，你的好运气开始了，我们衷心祝贺你！请你拿上这枚胶片到华诺密克的阿拉伯式展位前，换取一枚阿拉伯的纪念币。谢谢你。"

这一下，华诺密克的展位前人头攒动，人们纷纷跑过去争相领取纪念币，反而冷落了处于黄金地段的展位。

第二天，芝加哥城里又升起了不少华诺密克的气球，引起更多市民的关注。

45天后，展览会结束了，华诺密克公司共做成了2000多宗买卖，其中有500多宗的买卖都超过了100万美元，大大出乎华诺密克最初的预料。

而且，据组委会统计，他的展位成了全展览会中光顾游客最多的展位。他的这一"鲜"招，狠狠地挤兑了一回那些因处于黄金地段而多掏管理费的展位。

在有些人的眼中，华诺密克抽到了"下下签"，是个"倒霉鬼"，可能因此陷入绝境。可华诺密克偏偏从这个绝境"死里逃生"，既然好运气没有垂青他，那就自己谋利吧。

（佚名）

一捆树枝

"只要你们联合起来，谁也不能伤害你们。如果你们老吵架，一定要各行其是，那么你们一遇到敌人，就会被打败。"

从前有一个人，他有4个儿子。儿子们不断地争吵。他一再告诫他们说，如果他们一起干活儿，生活会舒适得多，但他们丝毫不理会他的意见。有一天，他决定通过示范把自己的意思告诉他们。

他把4个儿子都叫来，又把一捆扎得很紧的细树枝放在他们面前的地上。

"你能折断这个吗？"他问最小的儿子。小伙子用膝盖顶住，两只手又压又拉，都不能把那捆树枝弄弯。父亲让别的儿子挨个儿试试，看他们是否能把那捆树枝折断，但谁也做不到。

然后，他解开绳子，把树枝撒开。

"试试吧。"他说。4个小伙子用手轻轻一撅，树枝就断了。

"你们明白我的意思了吗？"父亲问，"只要你们联合起来，谁也不能伤害你们。如果你们老吵架，一定要各行其是，那么你们一遇到敌人，就会被打败。"

（佚名）

弗莱明与丘吉尔

勿以善小而不为，勿以恶小而为之。一个人的品格高低正是在一件件小事情上得以体现的。

弗莱明是英国的一个贫苦农民。这天，他正在田里干活，忽然听见呼救声。这呼救声是从附近的沼泽地传出来的，弗莱明连忙放下手中的农具，奔向沼泽地。待弗莱明跑到沼泽地后发现，沼泽地的中央有一个小孩正在泥潭中挣扎，淤泥已没到他的腰部。

平日里，弗莱明以及村子里的人总是离这片沼泽地远远的，这个陌生的小孩显然并不知道泥潭的危险性。泥潭无法支撑人的重量，人越是使劲挣扎，就越会快速地陷落进去。

弗莱明虽然明白泥潭有多危险，但他还是立即决定搭救这个孩子。他一边安慰小孩，嘱咐他不要乱动，一边慢慢地向泥潭靠近，费了九牛二虎之力，弗莱明终于将小孩救了出来。

第二天，弗莱明仍旧在自己的田里地劳作。忽然，一辆豪华的小汽车停在了他的田地边上，随后从车上下来一位风度翩翩的贵族，他告诉弗莱明，

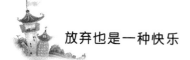

自己就是那个被救小孩的父亲，他是亲自前来致谢的。

弗莱明连忙微笑着说，那件小事不足挂齿。不过，贵族还是要送给弗莱明一笔酬金，来报答弗莱明的救命之恩。弗莱明再三推辞，因为在他看来，搭救小孩是任何人都该做的，他不能因为做了一点事情就接受酬金。这时候，弗莱明的儿子走了过来。贵族便对弗莱明建议道："既然你不肯接收酬金，那你让我把你的儿子带走吧，我会给他提供最好的教育。如果他像您一样是个人品高尚的人，就一定能成为令你骄傲的男子汉。"

弗莱明见无法推辞，便答应了下来。

弗莱明的儿子考上了医学院，最终发现了青霉素，他就是享誉世界的医生亚历山大·弗莱明。而弗莱明搭救的贵族的儿子，曾在二战期间领导英国人民战胜了纳粹德国，他就是著名的英国首相温斯顿·丘吉尔。

一个农夫的一件"不足挂齿"的小事，就这样成就了两个伟人，改变了整个世界的历史。

（佚名）

小鸟与猎人

聪明的人从来不会害怕失败，只要懂得从中吸取教训。

猎人每天都在林子里捕猎。这天，他捉到了一只小鸟，正在他打算弄死小鸟的时候，小鸟竟然开口说话了。

"我会说70种语言，是一只非常聪明的小鸟。"小鸟对猎人说道。

猎人吃了一惊，很为自己捉到这样的小鸟高兴。会说70种语言的小鸟，一定可以卖个好价钱。

小鸟似乎看出了猎人的心思，它继续说道："如果你放了我，我将给你三条忠告，这三条忠告可以让你受益终身。"

猎人想了想，觉得这是个不错的主意。于是他要求小鸟先告诉他这三条忠告，然后他就会放了小鸟。

于是，小鸟说出了自己的三条忠告。第一条是做事后不要懊悔；第二条是如果有人告诉你一件事情，你自己认为不可能的就别相信；第三条是当你爬不上去时，就别费力去爬。

听完了这三条忠告，猎人有点儿意犹未尽，甚至有些后悔。但是，既然自己已经答应了小鸟，也只好依言将小鸟放了。

小鸟飞起后落在了一棵很高的大树上。它大声地向猎人致谢道："猎人，真的很感激你放了我。你一定不知道，我的嘴里有一颗价值连城的大珍珠。我之所以会70种语言，就是因为嘴里含着这颗珍珠。很多人费尽周折想要捉到我，没想到你竟然放了我。"

听了这话，猎人一下子就后悔了。价值连城的珍珠，可以让人会70种语言的珍珠！如果能够得到这颗珍珠，他的生活将变得多么富有！于是，他立即跑到树跟前，打算爬上去捉住小鸟。就在开始爬树之前，猎人的脑子里闪现了一丝怀疑。这么小的鸟，怎么含得住那么大的珍珠呢？会不会是小鸟在骗自己？可是，猎人立即否定了自己的怀疑。毕竟，自己面前的小鸟会说70种语言，这是不容置疑的。

就这样，猎人爬了好高好高，可是就在他要爬到顶端的时候，他掉了下来并摔断了双腿。

站在树顶的小鸟再次开口："猎人，我刚刚告诉你的三条忠告你都忘记了吗？第一条，做了一件事情就别后悔，而你却后悔放了我；第二条，有人对你讲不可能的事，就别相信，可是你却相信我的嘴含得下一颗大珍珠；第三条，当你爬不上去时，就别费力去爬，可你却试图爬上这棵大树，最终掉下去摔断了双腿。"

听了小鸟的话，猎人叫苦不迭。

"希望你是一个聪明人，吸取了这次的教训后就不会再犯同样的错误了。"小鸟说完就飞走了。

（佚名）

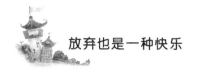

两个园丁

真正的成功是踏踏实实地做出来的。

有两兄弟都是园丁，共同继承了一块土地，平分耕种。兄弟俩感情很好，一起分享所有的东西。

其中一个叫约翰，他对什么都好奇，且具有演讲才能，自诩为伟大的哲学家。所以，他终日研读历书、观测天象。不久前，他的旷世才情使他异想天开，想探究为什么一粒豌豆能很快产出几百万颗豆子来；为什么可以长成参天大树的菩提树的种子竟然比只能长两尺高的蚕豆种子要小得多；又是哪股神秘的力量使得偶然撒播在土里的蚕豆，能找到合适的位置，生根发芽呢？

他就这么冥思苦想着，为这些疑惑不能解开而郁闷。他忘了给园子浇水，菠菜和莴苣都枯死了；没有"武装"起来的无花果树也经不起寒风的侵袭被冻死了；他没有水果能拿到市场上去卖，钱包渐渐瘪了。这位"潜心钻研"的穷困"哲学家"，不得不向兄弟求助。

而他的兄弟，每天天刚破晓，就下地劳动，还时常引吭高歌。他给果树嫁接，为园子里的每株植物浇水，从桃树到小葡萄丛，一株都不落。对那些自己不理解的奥秘向来不屑一顾，为了有个好收成，他不停地耕种。结果，他的园子繁茂似锦，水果和钞票都有了。

当约翰诧异地前来取经时，他的兄弟却对他说："兄弟，我注重劳动，而你注重思考，你说谁更能获利呢？你在冥思苦想时，我却在享受生活，你说哪一个更聪明呢？这就是奥秘所在。"

（佚名）

早　安

个热情的问候，一个温馨的微笑，或许都能够在对方的心里洒下一片阳光。

20 世纪 30 年代，有一位十分热情的犹太传教士。他每天早晨都会在一条乡间的小土路上散步，途中无论遇见谁，他都会热情地道一声早安。在当地，居民们对传教士和犹太人的态度是很不友好的，但是由于他的热情，大伙儿都很喜欢这位传教士，也总会同样亲切地回道早安。

不过，有一个名叫米勒的年轻农民却很冷漠。不管传教士的问候多么热情，他总是板着面孔，一脸严肃。但是，传教士并没有因此退缩，仍旧每天都热情地问候米勒早安。

这样的日子不知过了多久，终于有一天，米勒脱下了帽子，也向传教士道了一声："早安。"

多年后，纳粹党上台执政。传教士与其他犹太人一起，被纳粹党集中起来送往集中营。下了火车后，有一个指挥官拿着指挥棒，将面前的犹太人按左、右排队。被指向左边的是死路一条，被指向右边的则还有生还的机会。

很快，传教士就站在了这位指挥官面前。传教士浑身颤抖，当他无望地抬起头来，眼睛一下子和指挥官的眼睛相遇了。

"早安，米勒先生。"传教士习惯地脱口而出。

"早安。"米勒的脸动也没动，声音很低很低，低得只有他们两个人听得见。最后，他的手向右一指，传教士就这样走向了生还的队列。

（佚名）

永远有效的两个单词

就是这样一声谢谢，送去的是尊重，得到的却是真情！

几年前，我从学校毕业，刚来丹佛工作时，一次开车去密苏里州的父母家过圣诞节。我在离俄克拉荷马城约50公里的一个加油站停了下来，准备去看望一位朋友。我加满油，在收银台前排着队，并跟一对也在交款的老夫妇打了个招呼。

我驾车离开，走了不过几英里，汽车的排气管就冒出了浓浓黑烟。我把车停在路边，想着该怎么办。

一辆车在我身后停了下来。原来是刚才在加油站问候过的那对老夫妇。他们说可以把我送到我朋友家。我们在进城途中聊了一路，下车时，老先生把他的名片给了我。

后来，我写了一封感谢信感谢他们对我的帮助。很快，我就收到了他们寄来的圣诞包裹，并附有一张纸条，上面说，他们的假期因为帮助我而充满意义。

多年后，在一个雾蒙蒙的早晨，我驾车去附近的一个城镇参加会议。黄昏时，我回到车前，发现车灯一整天都亮着，蓄电池的电已经耗完了。就在那时，我看到旁边正好是"福特经销处"。走过去，发现两个销售员正在展厅里休息，店里并没有什么顾客。

"请问福特公司可以帮我一个忙吗？"我问道，并解释着自己遇到的麻烦。

很快，他们就开着一辆轻便小汽车来到我的车前，接上跳线的电缆，开动了我的车。他们没有接受任何报酬，因此当我回到家时，我就为他们写了一封感谢信。

后来我收到其中一位销售员的回信。他说，从来都没有人会花时间写信对他说谢谢，这封信对他来说意义深远。

几年后，朋友的丈夫帕特去世了。他曾在一家大医院工作，是一位受人尊敬的医生，因此家里收到了数百张卡片。其中一张极富同情的卡片，是曾为他们家工作过的水管工送的。他在卡片上写道，当帕特为他付工钱时曾在发票上写道："谢谢您完美的工作。"

"谢谢"——多么有力的两个字。他们很容易说出口，但意义非凡。

（佚名）

无心的善举

　　一些无心的善举，不仅仅是在帮助别人，常常就是在帮助你自己。

　　艾森豪威尔是第二次世界大战中欧洲盟军最高统帅，任职期间他曾帮助过一对老夫妇，就是这样的一个无心之举，改变了艾森豪威尔的一生，甚至改写了整个"二战"的历史。

　　那天，艾森豪威尔要回总部参加一个紧急军事会议，碰巧那天大雪纷飞，极其寒冷，所以车一路奔驰。艾森豪威尔一边望着窗外的大雪，一边出神地思索着整个战争的局势。突然，车窗外的一对老夫妇跳进了他的眼帘。这对老夫妇正坐在路边，虽然车开得很快，但艾森豪威尔还是看得出来，他们已经冻得瑟瑟发抖了。艾森豪威尔连忙命令身旁的翻译官下车去问问。旁边的参谋听了，立即表示反对。要知道，艾森豪威尔参加的可是重大会议，涉及到整个欧洲，甚至世界的战争局势。如果因为这对普通的老人耽搁了时间，实在有些得不偿失。

　　可是，艾森豪威尔没有改变主意。这么冷的天，如果这两位老人一直坐在路边，很可能会被冻死。于是，他再次命令翻译官下车询问情况。

　　原来，这对老夫妇是去巴黎投奔儿子，车抛锚了，前不着村后不着店，正不知如何是好。艾森豪威尔想都没想，立即请这对老夫妇上车。虽然这样他们必须得绕道将老夫妇送到巴黎，然后才能赶回总部，但在艾森豪威尔看来一切都值得。

艾森豪威尔并没有想过要行善图报，但是他的善良却得到了意想不到的回报。那天，德国纳粹狙击兵已预先埋伏在他们必经之路上，只等他的车一到就立刻实施暗杀行动。可是，他们不知道，艾森豪威尔为了帮助一对普通的老夫妇改变了行车路线。艾森豪威尔挽救了两个老人的生命，而这两个老人却也挽救了他的生命。如果艾森豪威尔无视两个老人的存在，将他们扔在路上前往总部，恐怕他早就遭伏击身亡了。那么，整个"二战"历史很可能因此而改写！

有时候，一些无心的善举，不仅仅是在帮助别人，常常就是在帮助你自己。这并不是简单的因果报应，而是做人的根本。

（佚名）

退回去的勇气

> 凯瑟琳获救了，甲板上的人都在默哀，船长阿罗约坐到凯瑟琳身边说："小姐，他是我见过最勇敢的人。我们为他祈祷！"

这是发生在美国的一件真实的故事。故事的主人公叫杰弗瑞。在平时生活中，杰弗瑞非常胆小懦弱，做什么事情之前都让女友先去试一下。女友凯瑟琳对此十分不满，有几次都想跟杰弗瑞分手了。两人相约最后一次出海。

天有不测风云，返航时，飓风将小艇摧毁，幸亏凯瑟琳抓住了一块木板才保住了两人的性命。凯瑟琳问杰弗瑞："你怕吗？"

杰弗瑞从怀中小心翼翼地掏出一把水果刀，说："怕，但是亲爱的你放心，有鲨鱼来，我就用这个对付它。"

凯瑟琳望着这个"不争气"的男友，伤心地摇头苦笑。

不久，一艘货轮发现了他们——他们获救了。

正当两人欣喜若狂时，一群鲨鱼出现了，凯瑟琳大叫："我们一起用力游，会没事的！"

杰弗瑞却突然用力将凯瑟琳推进海里，独立扒着木板朝货轮了游了过去，大声喊道："亲爱的，这次我先试！"

凯瑟琳惊呆了，望着杰弗瑞的背影，感到非常绝望——鲨鱼正在靠近，可对凯瑟琳不感兴趣而径直向杰弗瑞游去，杰弗瑞被鲨鱼凶猛地撕咬着，他发疯似地冲凯瑟琳喊道："亲爱的，我爱你！"

凯瑟琳获救了，甲板上的人都在默哀，船长阿罗约坐到凯瑟琳身边说："小姐，他是我见过最勇敢的人。我们为他祈祷！"

"不，他是个十足的胆小鬼。他是我见到的最胆小的男人！"凯瑟琳冷冷地说，一点不为杰弗瑞的死感到伤心。

"您怎么这样说呢？刚才我一直用望远镜观察你们，我清楚地看到他把你推

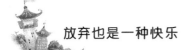

开后用刀子割破了自己的手腕。鲨鱼对血腥味很敏感，如果他不这样做来争取时间，恐怕你永远不会出现在这艘船上！你应该感谢这位勇敢的年轻人！"船长说道。

此时，凯瑟琳已经泪流满面。

（佚名）

我们在追求什么

> 墨西哥渔夫觉得不以为然：这些鱼已经足够我一家人生活所需啦！美国人又问：那么你一天剩下那么多时间都在干什么？

在墨西哥海岸边，有一个美国商人坐在一个小渔村的码头上，看着一个墨西哥渔夫划着一艘小船靠岸，小船上有好几尾大黄鳍鲔鱼；这个美国商人对墨西哥渔夫抓这么高档的鱼恭维了一番，问他要多少时间才能抓这么多？

墨西哥渔夫说，才一会儿功夫就抓到了。美国人再问，你为什么不呆久一点，好多抓一些鱼？墨西哥渔夫觉得不以为然：这些鱼已经足够我一家人生活所需啦！美国人又问：那么你一天剩下那么多时间都在干什么？

墨西哥渔夫解释：我呀？我每天睡到自然醒，出海抓几条鱼，回来后跟孩子们玩一玩，再跟老婆睡个午觉，黄昏时晃到村子里喝点小酒，跟哥儿们玩玩吉他，我的日子可过得充实又忙碌呢！

美国商人不以为然，帮他出主意，他说：我是美国哈佛大学企管硕士，我倒是可以帮你忙！你应该每天多花一些时间去抓鱼，到时候你就有钱去买条大一点的船。自然你就可以抓更多鱼，再买更多渔船。然后你就可以拥有一个渔船队。到时候你就不必把鱼卖给鱼贩子，而是直接卖给加工厂。或者你可以自己开一家罐头工厂。如此你就可以控制整个生产、加工处理和行销。然后你可以离开这个小渔村，搬到墨西哥城，再搬到洛杉矶，最后到纽约。在那里经营你不断扩充的企业。

墨西哥渔夫问：这要花多少时间呢？

美国人回答：十五到二十年。

墨西哥渔夫问：然后呢？

美国人大笑着说：然后你就可以在家当皇帝啦！时机一到，你就可以宣布股票上市，把你的公司股份卖给投资大众。到时候你就发啦！你可以几亿几亿地赚！

墨西哥渔夫问：然后呢？

美国人说：到那个时候你就可以退休啦！你可以搬到海边的小渔村去住。每天睡到自然醒，出海随便抓几条鱼，跟孩子们玩一玩，再跟老婆睡个午觉，黄昏时，晃到村子里喝点小酒，跟哥儿们玩玩吉他。

墨西哥渔夫说：难道这不是我现在正在做的事情吗？

（佚名）

把别人当成朋友

对别人的不友善会给自己，也会给他人带来很大的麻烦。只有学会与人为善，学会了解、谅解别人，才会获得别人的尊重。

美国前总统林肯，被誉为人类历史上最完美的统治者，人们衷心敬仰他，他的许多事迹世代被人们传诵。

然而，林肯在年轻的时候，曾经是一个不顾别人感受，特别喜欢批评别人、自以为是的人。林肯年轻时，住在印第安纳州的一个小镇上，他不仅专找别人的缺点，还爱写信嘲弄别人，且故意丢弃在路旁，让人拾起来看，很多人不喜欢他。有一次，他做得太过分了，把自己逼入了困境。

1942年秋天，林肯在报纸上写文章嘲笑一位爱尔兰籍政客杰姆士·休斯，说他虚荣心强、自大，像一只好斗的公鸡。文章发表后，市民们引为笑谈，惹得一向好强的休斯大发雷霆。他知道了文章的作者是林肯，立刻骑马赶到林肯的住处，要求决斗。

林肯无法拒绝。但他有选择武器的自由，因为他的双臂很长，所以就选择了一把长剑，并向一名西点军校的学生学习剑法。

决斗的那天，他们相约来到密西西比河的一个沙滩上，所幸，在决斗前最后一分钟，他们的助手阻止了这场决斗。

这是林肯一生中最难忘的事情，给了他一个很深的教训。尖刻的批评与嘲笑，是毫无用处的，只会激化矛盾，惹来别人的憎恨。

林肯从此改变了对人刻薄的做法，不再取笑别人，而是以博大的胸怀征服了别人，最终当上了美国总统。

在南北战争时期，林肯总统任命的几位将军都在战场上一次次失利。那时，全国有一半的人都在斥责那些将军的无能，但是林肯却一声不吭，他最常说的一句话便是："不评议别人，别人才不会评议你。"当身边的一些人开始对南方的敌人有所非议时，林肯则会说："不要批评他们，如果我们处在同样的情况下，也会跟他们一样。"

有人认为林肯对待政敌的态度不够强硬，对他说："你为什么要让他们成为朋友呢？你应该想办法消灭他们才对。"

林肯温和地说："我难道不是在消灭政敌吗？当我使他们成为我的朋友时，政敌就不存在了。"

(佚名)

简单生活的艺术

　　用一种宽厚包容的心来微笑着面对这个世界，这个世界一定回还你一片阳光灿烂。

　　九月的一个下午，我们五对夫妇沿着缅因州的萨科河泛舟而下，享受着夏日的最后一抹金色阳光。吃着草的小鹿摇摆着它们白色的尾巴，望着我们这只小船队漂过。傍晚时分，我们扎起帐篷，烤过牛排，舒服地躺在营火周围，睡眼惺忪地望着满天的繁星。有人拨动吉他，唱起一首古老的摇滚歌曲："这是使你简单生活的礼物，这是使你自由的礼物。"

结束了我们的田园之旅，我们当然又要回到清还贷款、工作和琐碎生活的世界中。"这是使你简单生活的礼物，"我发现我会在心烦的时候哼唱这首歌，"这是使你自由的礼物。"我是多么渴望那种简单的生活啊。但是能从哪里找到呢？

"琐碎的生活耗费了我们的生命。简单化，简单化。"亨利·戴维·梭罗的这句名言从蒸汽船、牛拉犁的时代就广为流传，也一直萦绕在我耳边。然而，就连梭罗自己，也只在瓦尔登湖畔的小屋里生活了两年。而且亨利没有妻子，没有孩子，没有工作，永远也不会为多变的利率抵押等琐事而烦扰。

我的生活充斥着琐事，似乎我的格言就是："复杂化，复杂化。"而且我发现并非只有我一人这样。但是有一天，我想简单化生活的想法被彻底颠覆了。

当时，我正在拜访一位物理学家，他的办公楼耸立在他在伊利诺斯州的农田里。透过试验用的粒子加速器的窗户，在牧场下方的远处，我们看到一个占地几英里的大圈。他说："这是一种时间机器。"这种加速器能让物理学家研究类似于创世纪后那一刻的情形。他解释说，那时的宇宙较为简单，或许只是一个由一种力和一种微粒组成的小点。而如今宇宙间存在着多种力量，多种不同的微粒，并包含一切：从恒星、星系到蒲公英、大象以及济慈的诗。

从那个塔楼上我开始明白：复杂性是上帝的计划之一。

我们在内心里对他们有了认知。我们会用贬抑的口吻说他是一个"笨蛋"。任何人都不想被别人认为是"头脑简单"的人。

然而，我们对复杂性视而不见，这是很危险的事情。我曾经买过一处住宅。太满意它的地理位置了，以至于无意中忽略了检查它可能存在的不足。买下它之后，我才发现，它需要绝缘、铺顶、新的供热系统、新窗户、新的污水处理系统，等等。于是，那座老房子成了一个负担，费用远远超过了我所能支付的限度。而精神的代价更高，这都是由于我拒绝重视复杂性造成的。

就算是一项普通的财政支付，也不会简单——你的保险单实际包含哪些项目？但是，与道德问题相比较而言，经济问题本身还是较为简单的。

10岁那年的一个午后，我发现自己成了放学后一群男孩子的领导者。我明白自己得赶快让他们高兴起来，否则，我这个首领可当不了多久。就在那时，我看到了乔。

就他的年龄而言，乔是一个少年巨人。他们一家是从欧洲移民来的，他还带着轻微的口音。

我说："咱们抓住他!"

于是,我的这支"野蛮人军队"就把乔包围了起来。有人拿了他的帽子,我们就抢着它玩。乔"逃"回了家,而作为战利品,我带走了他的帽子。

当晚,我家的门铃响了。是乔的父亲,一个满脸愁容、带着浓重口音的农民。他是来向我要回乔的帽子的,我羞怯地给了他。"请不要捉弄乔,"他认真地说:"他患有哮喘,一旦发病,就很难恢复。"

我的心情变得很沉重。次日晚上,我去了乔的家。他正在花园翻土,我走近他时,他警惕地望着我。我问能否帮他的忙。他说:"好吧。"此后,我常会去帮他,我们成了好朋友。

我向成人世界走近了一步。我所看到的可能发生的一切事情,在我的心里乱得像一团丝网。红线是邪恶的可能,它只要求你对他人的痛苦视而不见。白线是同情。我可以支配连接起所有的线——关键是看我如何决定。我发现了其中的复杂性,和其中存在的一个选择与成长的机会。责任就是它的代价。

或许,那就是我们渴望简单生活的理由吧。在某种程度上,我们都想做孩子,让别人背起责任那沉重的包袱。

我们如同小麦一样,生长在这里,等待成熟。为了智力上的成熟,我们尽可能大量纳入世界的复杂;为了道德上的成熟,我们经历各种抉择;为了精神上的成熟,我们睁大双眼去看《创世纪》的无数细节。

一个午后,我在院中捡起一片枫叶。近看它是黄色的,有红色的斑点。拿到一臂远的地方再看时,它就是橘黄色的了。它的颜色取决于我怎么看它。

这片树叶怎样终其一生,怎样将阳光和二氧化碳转化为有机物,对于这些我只略知一二。我知道植物呼出氧气,而我们和其他动物吸入氧气,同时我们呼出的二氧化碳又被植物吸入而使其得以成长。我还知道,这片树叶的每一个细胞都有一个包含化学物质DNA的核,它上面记录了枫树成长和运行的指令。科学家知道的远远多于我所知道的。然而,他们的知识,也只是对一棵枫树复杂性的认识迈出的一小步。

我想我开始明白简单意味着什么。它并不意味着我们向世界的缤纷复杂蒙上自己的双眼,或避免使我们成熟的选择。"简单化,简单化。"梭罗的意思是简化我们自身。

要实现这一目标，我们可以这样做：

集中精力于更深层次的事物。简单的生活未必就是要住木屋，种豌豆，而是拒绝将我们的生命浪费在琐事上。一位教授曾教给了我一个集中精力的秘诀：关掉电视，阅读伟大的著作。它们会开启你的智慧之门。

在人生之旅中脚踏实地，一步一个脚印。以前，我遇到过一对天生失明的年轻夫妇，他们有一个3岁的女儿和一个婴儿，两个孩子视力都很正常。对这样的父母来说，一切事情都是复杂的：给婴儿洗澡、了解女儿的行踪、修剪草坪等。然而，他们的生活却充满了欢声笑语。我问那位妈妈，她是如何知道活泼女儿的行踪。"我把小铃铛系在她的鞋上了。"她微笑着说。

"当婴儿也会走路时，你该怎么办呢？"我问。

她笑着说："每件事都那么复杂，因此我不会考虑如何解决它，除非问题迫在眉睫。我一次只做一件事！"

削减我们的欲望。英国杰罗姆·克拉卜克·杰罗姆是一位小说家，也是一位剧作家。他在写作时就能抓住问题的真谛。他写道："让你的生命之舟轻装前行，只载你必需的东西——一个平常的家和单纯的欢乐，一两个真正的朋友，你爱的人和爱你的人，一只猫，一条狗，一支烟斗，足够的食品、衣物和水。水的备有量要比需要的还多，因为口渴是件很危险的事。"

不久前，我飞回家去看望住院的父亲，他患了一种吞噬脑细胞的病。我万分焦虑：治疗？疗养所？费用？

他虚弱地蜷缩在轮椅里——我所熟悉的父亲只剩下一个枯萎而苍白的残躯。我站在那儿，心痛而迷惑，他抬头看到了我。那一刻，我从他的眼中看到了意外而美好的东西：认识和爱。泪水，模糊了他的双眼和我的双眼。

那天下午，被病痛折磨的父亲清醒了过来。有说有笑的，又变成了那个我熟悉的他。后来他累了，我们把他扶上床。次日，我曾来过的事他就不记得了。那一夜，父亲去世了。

每一个死亡都是通往创世纪神秘的一扇打开的门。门开了，但我们看到的却只有黑暗。在那个极为可怕的时刻，我们认识到宇宙是多么浩瀚，那是超越复杂的复杂，远非我们的认知所能比。然而，那就是对简单最真实的认识：接受世界的无穷复杂，接受疑惑。

那样，我们就能去品味简单的事物，我们深爱的面庞，或许还有深含爱

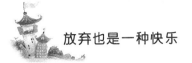

意的眼眸。

这是最简单的事情，但却有着无尽的意味。

（佚名）

七颗钻石

善行是人世间最珍贵的钻石，善良的心灵是宽广的心灵。一个有行善的人，能从善行中收获喜悦和幸福。

曾经在很久以前，发生过一次大旱灾：河流和水井都干涸了，草木丛林也都干枯了，许多人及动物都焦渴而死。

一个母亲生病了，深夜时分迫切需要喝水，她的女儿心疼生病的母亲，便拿着水罐走出家门。女儿不到十岁，这个小姑娘哪儿也找不到水，累得倒在草地上睡着了。当她醒来的时候，竟然发现罐子里装满了清亮新鲜的水。小姑娘喜出望外，真想喝个够，但又一想，这些水给妈妈还不够呢，就赶紧抱着水罐跑回家去。

她匆匆忙忙，没有注意到脚底下有一条小狗，一下子绊倒在它身上，水罐也掉在了地上。小狗哀哀地尖叫起来。小姑娘赶紧去捡水罐。

她以为，水一定都洒了，但是没有，罐子端端正正地在地上放着，罐子里的水还满满的。小姑娘看到小狗伸着舌头，呼哧哧地喘气，显然也是渴极了。于是便把水倒在手掌里一点儿，小狗把它都舔净了，变得欢喜起来。

当小姑娘再拿起水罐时，发现木头做的水罐竟变成了银的。小姑娘把水罐带回家，交给了母亲。母亲看着女儿的嘴唇已经干裂，便心疼地说："孩子，我反正就要死了，还是你自己喝吧。"又把水罐递给小姑娘。就在这一瞬间，水罐又从银的变成了金的。这时，小姑娘再也忍不住了，正想凑上水罐去喝的时候，突然从门外走进来一个过路人，要讨水喝，小姑娘咽了一口唾沫，把水罐递给了过路人。这时突然从水罐里跳出了七颗很大的钻石，接着从里面涌出了一股巨大的清澈而新鲜的水流。

七颗钻石越升越高，升到了天上，幻化成了七颗星星，这就是传说中大熊星座的由来。

（佚名）

有希望才有动力

　　一个人的身体可以残疾，但是他们的心灵绝对不能够残疾，只要拥有心中的希望，即使置身于茫茫的黑夜，也一定能够坚定的走下去，只为前方那不灭的光亮。

　　汶川地震过后，我和朋友们一见面话题就离不开那些在废墟中坚强求生的人们。那是一种对生的渴望，在平安的生活中，也有这样为了心中的目标而不懈努力的人们，他们也和那些废墟中的生命一样值得我们尊敬。

　　有这样一个小男孩，刚出生就因为身体状况虚弱而在医院抢救，两个月后，医生宣布他将再也看不到这个世界了。但是小男孩的父母并没有因此放弃他。儿子一岁左右的时候，他们发现只要一有音乐声响起，小男孩就手舞足蹈起来，看来这个失明的孩子对于音乐似乎是情有独钟。尽管家里非常贫困，父母还是在生日那天为他买了一台100元的电子琴。不料没几天他就掌握了电子琴的全部功能，甚至能弹一些简单的曲子来，也没有人教他。父母非常惊讶，决心让他接受正规的音乐教育。并到当地的盲校为他找了一位启蒙老师，专门教他弹电子琴。因为眼睛看不见，他比别的孩子就要多下几十倍甚至几百倍的功夫，即使是简单的琴谱，他都要偷着练上上百遍，但他并不因此而失去信心，因为他的弹琴水平从来没有落在过别的小朋友的后面，连老师都为他的进步感到惊奇。

　　慢慢的，他的音乐天赋开始在众多孩子中脱颖而出，电子琴的弦音，已经不能让他充分表达出自己对音乐的诠释。从那时起，他就开始梦想着能拥有一架钢琴。父母为了让孩子能有更好的发展，用家里几年来全部的积蓄为他买了一架二手的钢琴，当手指触摸到琴弦的那一刻，他激动地哭了。从此他练琴更刻苦了。他在钢琴上的演奏如鱼得水，渐渐的他也在老师的推荐下陆续参加了一些比赛，并在省级钢琴演奏比赛上获得了非常优异的成绩。

1990 年 9 月，中国残疾人艺术团正式邀请他加入，他找到了适合自己的位置，在他的演奏生涯中多次随团出国巡演。在奥地利维也纳联合国议会大厅演出时，他出色的演奏，引起了强烈反响，每一首曲子都是他心的乐章。联合国社会发展中心主席索尔卡斯基激动地说："请大家注意，这将是一个非常了不起的孩子！"

曾经他只是一个盲童，如今他已经熟悉掌握了 11 套大型乐曲，40 余首钢琴小调，还成功举办了两场个人音乐会。这个人就是金元辉， 19 岁的盲人青年钢琴家。

记者在采访他时，曾问过他一个"敏感"的话题："你曾经为自己看不到这个世界而感到缺憾吗？"

他平静地回答说："缺憾会有，但它动摇不了我的志向；眼睛的缺憾，使我拥有了一双更加'优越'的耳朵和一团希望的火光。"

没有人能够否认，这个男孩是坚强的，如同贝多芬一样，他终有一天也会成为世界级的音乐大师齐名。这与他的奋斗是分不开的。一个人的身体可以残疾，但是他们的心灵绝对不能够残疾，只要拥有心中的希望，即使置身于茫茫的黑夜，也一定能够坚定的走下去，只为前方那不灭的光亮。

（佚名）

隐藏起来的微笑

所有人都会微笑，只不过有些人把笑容隐藏起来了而已。因此，我对约瑟爷爷微笑，约瑟爷爷也对我微笑。微笑是可以互相感染的。

在一个小镇上，有一个很大的花园，里面栽着许多繁茂的桃树，每年都会结出全镇最大最甜的桃子。但是，全镇的人都知道，那个花园的主人是约瑟，一个脾气非常坏的老头。他家的桃子可摘不得，哪怕是掉在地上的也不能去捡，否则就会遭到他粗暴的打骂。所以大家从来不称他为"约瑟爷爷"，而是直接称他为"老约瑟"。

一个星期天的上午，小男孩哈瑞克到他的同学威廉家去，打算和威廉一起去体育馆打羽毛球。去体育馆，必须要从老约瑟家的门前经过。当哈瑞克和威廉走到老约瑟家附近时，威廉看见老约瑟正坐在家门口晒太阳，于是建议走马路的另一边。

但是哈瑞克不同意，他说："别担心，约瑟爷爷是不会伤害任何人的，跟着我来吧。"威廉还是非常害怕，每向老约瑟家的门口走近一步，心跳就会加快一分。当他们走到老约瑟家门前时，老约瑟下意识地抬起了头，像往常一样紧锁着眉头，注视着眼前的不速之客。当他看到是哈瑞克时，原本紧绷着的脸顿时绽开了灿烂的笑容。

"哦，你好啊，哈瑞克，"他说，"你和这位小朋友要去哪里啊？"

哈瑞克也对他报以微笑，回答说："我们要一起去打羽毛球。"

老约瑟说："这听起来真是不错，你们稍等一会儿，我马上就来。"

不一会儿，他就从院子里拿出两个桃子，给他们每人一个。"这是我刚从树上摘下来的，甜着呢。快吃吧！"两个小男孩接过红红的桃子，心里高兴极了。

和约瑟爷爷告别之后，哈瑞克解释说：""其实，我第一次从约瑟爷爷家门前经过的时候，发现他真的像人们传说的那样，一点儿也不友好，让我感到非常害怕。但是，我却在心里告诉自己，约瑟爷爷是面带微笑的，只不过他把那微笑隐藏起来了，别人看不见而已。所以，只要看到约瑟爷爷，我都会对他报以微笑。终于有一天，约瑟爷爷也对我微笑了一下。又过了一些时候，约瑟爷爷真的开始对我微笑了，那是一种发自内心的笑容；不仅如此，约瑟爷爷竟然还开始和我说话了。随着时间的推移，我们谈的话越来越多，我知道他还有一个儿子在很远的城市工作，并不经常回来，平时没有人跟他说话，他很孤独，所以脾气才会那么坏。"

听完哈瑞克的叙述，威廉问道："隐藏起来的微笑？"

"是的，"哈瑞克答道，"我爷爷曾经告诉过我说，所有人都会微笑，只不过有些人把笑容隐藏起来了而已。因此，我对约瑟爷爷微笑，约瑟爷爷也对我微笑。微笑是可以互相感染的。"

（佚名）

真正的好命

　　人们都说连二爷前世必定是一个衣来伸手，饭来张口的花花公子，老天爷在罚他这一辈子卖苦力。

　　连二爷是菊大叔的堂叔。连二爷娶第一个老婆时，菊大叔才刚刚出生。他比菊大叔大了整整22岁。

　　可是，当菊大叔送第一个儿子上军医大学的时候，连二爷还是一个光棍。由于天灾兵祸，连二爷前面的两个老婆都早早地离开了他。

　　值得庆幸的是，连二爷的身体好得叫人难以置信。他68岁那一年，他的第三个老婆居然给他生下了一个儿子。所以，直到连二爷82岁了，他还抚养那个尚未成年的独苗苗。

　　整个山村只有一个水库。一个水库的水要供应百来人的田地用水。因此，为放水、塞水所闹出的矛盾简直有夏天的蚊子那么多。

　　村委会为了解决这些矛盾，就决定把水交给一个人来管。这个人就是82岁的连二爷。

　　那一年，春雨刚过，水库大坝坝底的关水口没有封严。俗话说："春雨贵如油。"为了不让比油还贵的春水流失，连二爷往肚子里灌了一瓶白酒，就扑通一声扎入坝底去塞水口。

　　哪知，水口前的旋涡太大，连二爷竟被旋入水口，活生生被冲出坝底。在水库外的一个深潭边才露出头来。

　　人们都以为连二爷不能生还了。

　　哪知他抹了一把脸上的水，呼了一口长气，又爬上了坝口。

　　人们都说连二爷前世必定是一个衣来伸手，饭来张口的花花公子，老天爷在罚他这一辈子卖苦力。

　　比起连二爷，菊大叔就神气多了。他前后养了四个儿女。而四个儿女，有的当军官，有的做老板，个个都挣大把大把的钱。每年寄给菊大叔的零花钱就有上万元。

美中不足的是，菊大叔年轻时候就落下了一身病。不是这里疼，就是那里发烧，一年到头很少离开院子里的那张竹躺椅。

有一天，叔侄俩在一起聊天。连二爷慨叹道："菊生呀，只有你的命好啊。你看，一天到晚不愁吃，不愁穿；大门不出，二门不迈。每年躺在这躺椅上还能收到一万多块钱。比过去的官老爷还要舒服。"

哪知菊大叔听了连二爷的话之后，很是生气。他大声说："我说二叔，你也应该知足了。你看，你都八十多岁了，想干什么就干什么，想到哪儿去就可以跑到哪儿去。一日三餐不管是干的也好，稀的也好，哪怕就是几块咸萝卜，总是吃得那么有滋有味。我算啥？一年一万多块钱，不是'正天丸'，就是'头痛散'；不是'胃舒平'，就是'雷米封'。一天到晚还要这个来拉，那个来扯。一身皮肉这里一针，那里一针，扎得像个蜂窝一样。你还说我命好，二叔呀，要是到了阎王那里，我哪怕送他好几万块钱，也一定要跟他打通关节：下辈子我一定要跟你换一个位。让你来享我这个'福'，让我去受你那个'苦'。我再不要这辈子这样的鬼命。"

连二爷听了，竟嘻嘻地笑了起来。

（佚名）

77美分

我永远忘不了那一刻。我想他也不会忘记，但生活却带给了我最珍贵的礼物——给予。它也让我瞬间明白：一切并非偶然，任何给予都意义非凡，就算只有这极少的77美分。

我在新墨西哥州的爱伯克奇城居住，许多无家可归的人都聚集在市区，特别是在高校区。出于对他们不幸的同情，我过去常会给他们很多钱。然而，随着时间的流逝，我也沦为了他们中的一员。离婚后，身为单身母亲的我无家可归，没有收入，还要还一大笔债。因此，我变得很吝啬，不再给街头的流浪者们一分钱。

在我的努力下，生活有所好转。我已经能为女儿买带后院的房子，为她提供丰盛的饭菜，而且债务也渐渐还清。一天，我们看到一个流浪汉，胸前挂着这样的牌子："请给我点吃的吧。"我漠然地走过。女儿感叹道："妈妈，您以前总会帮助他们，可是现在怎么……"我回答说："亲爱的，他们只会用那些钱去喝酒或干坏事。"女儿默不作声。但我觉得自己不应该那么说。

3天后，我开车去学校接女儿。看到一个人满脸焦虑地站在角落，顿时我心中有个声音说："去帮助他吧。"于是我摇下车窗，只见他喜出望外地跑了过来，说："好心的女士，我只需要77美分。"我去摸钱包，却发现没有带。我只好尴尬地摊开手，以示我无能为力。但当他转身要离开时，我叫住了他："稍等一下！"我在烟灰缸里找到了三张25美分和两个便士。实在太巧了，刚好77美分。

看到这些，我感到皮肤一阵刺痛。我将零钱拿出来，给了他。他顿时开心地热泪盈眶，说："噢，您让我能够在圣诞节回家看望母亲了！太感谢您了！我已经3年没看过母亲了。汽车还有20分钟就开了！我得走了。"

我永远忘不了那一刻。我想他也不会忘记，但生活却带给了我最珍贵的礼物——给予。它也让我瞬间明白：一切并非偶然，任何给予都意义非凡，就算只有这极少的77美分。

（佚名）

最成功的教育

我们想取得成功，就必须诚实地履行自己的每一个承诺。

我在一个名叫厄斯特普拉的社区长大。16岁的一个清晨，父亲对我说，我可以开车把送他到一个叫米加斯的偏远乡村，但条件是，我得把车开到附近修理厂维修一下。我欣然应允。

把父亲送到米加斯，并许诺下午 4 点来接他，之后我就将车开到了修理厂。因为有几个钟头的空闲，我便去了电影院。然而看完最后一场电影时，已是 6 点。我整整晚了 2 个小时！

我知道如果父亲知道我看电影，他会很生气。于是我决定向他撒谎。我匆忙赶到那里，向父亲道歉说来晚了，并告诉他我已经尽快了，但汽车需要一些大修。

我永远忘不了他看我的眼神。

"詹森，我感到很失望，因为你认为有必要向我撒谎。"父亲再次看着我，"你没回来时，我打电话给修理厂询问是否有问题，他们告诉我你还没去取车。"

我羞愧无比，怯怯地将真相告诉了他。他仔细听完后，感到非常伤心："我对自己很生气，我发现自己作为父亲很失败。现在我要走回去，好好想想这些年都错在了哪里。"

"但是爸爸，这里离家 18 英里啊！"

我的争辩和道歉都丝毫无用。那天，父亲走回了家。我开车跟在后面，一路都在哀求，但他就那样默默地走着。

看着父亲的内心受到这样痛苦的折磨，那是我最痛苦的经历。然而，这也是最成功的教育。此后，我再未撒过谎。

（佚名）

关于一位朋友

有的人，有些事，一旦错过就将成为永远的遗憾。

他不会说大话，而且似乎完全活在自己的世界里。还记得他与我们一起工作的日子里，没有人确切地知道他是谁，从哪里来，在寻找什么。后来他消失了，，没有人知道他去了哪里，在做什么，是否有朋友或是否和家人一起。我估计我们甚至连他的名字都不知道——就算是听说过，也记不起来了。

对我们来说，那些日子远非艰难可以形容。灰色单调的生活围绕着我们，仿佛无法摆脱。我们居住的巨大混凝土楼房是灰色的，工厂的尘埃是灰色的，甚至我们的衣服也是灰色的，也许它们原本是白色的，现在变灰了。那一定是一种雪亮的白……我记不清有多少次曾试图想象那是怎样一种白色。自从白色成为我梦寐以求的天堂般的色彩，灰色带给我的就只有空虚和消沉的味道。我还记得，曾经我是多么注重色彩，其他任何颜色都一定是某些东西、某种感情或其他什么东西的象征。而只有灰色，似乎毫无意义。这就是我和他所生活的世界。

由于我们多数人都要养家糊口，因此能在工厂里工作已经算是不错了。他去那儿工作后没多久，我就发现他总在我旁边的机器上工作。我们就那样挨着工作数小时，一言不发，各自的思绪都四处飘荡，但是双手仍能一遍一遍地做着相同的动作，直到结束一天工作的铃声响起来。一直以来，我就是这样机械地在同一节奏下，一遍遍做着同样的活儿，他也是一样。但每当我想要放弃时，他都会抬起头，给我一个淡淡的笑，仿佛他能猜到我的想法。我想，其实是他的双眼给我留下了深刻的印象。那双眼睛是那样幽黑，那样率直，尽管似乎掩藏着一些什么。

自从第一次见到他，他就一直在我的周围。每次他对我这样淡淡一笑，就会有一丝温暖和亲切流入我的心田。我认为，每天能坚持到结束，都是他给予的力量让我坚持在这里，坚持下去。

好了，长话短说吧，他与我们共事仅仅一年后就死了。在一场车祸中，他没遭受任何痛苦就死去了。我一定是他在城里的唯一朋友，至少在参加葬礼时我是这样想的。葬礼上，我只见到一位老妇人，或许是他的母亲吧。她告诉我，一年前他刚刚失去了家庭，从那以后就不再说话，一个字也没有说过。起初我不相信。我还以为他不过是个沉默寡言的人，另外也没什么可说的。但是突然，我意识到记忆中从未听到过他的声音。直到那一刻，我才恍然大悟。

他给予我那么多，而我对他的了解却如此之少。他曾经是我的朋友，而如今我失去了他，再没有机会回报。他是那样的坚强，不管曾经发生了什么，他依然在付出。

那段日子里，我感到虚弱和内疚。但从那以后，我开始关心身边的人，我感觉自己开始了新生。

（佚名）

第四辑　简单生活的艺术

　　人生在世，不可能一帆风顺，种种失败、无奈都需要我们勇敢地面对、旷达地处理。这时，是一味埋怨生活，从此变得消沉、萎靡不振？还是对生活满怀感恩，跌倒了再勇敢地爬起来？英国作家萨克雷说："生活就是一面镜子，你笑，它也笑；你哭，它也哭。"你感恩生活，生活将赐予你灿烂的阳光；你不感恩，只知一味地怨天尤人，最终可能一无所有！

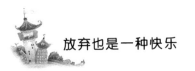

最温暖的爱

> 有爱心的人，必定也是尊重和体谅他人的人，没有包含充分尊重的爱，是对被爱者的伤害。

八岁的小女孩玛莉正在上学，不幸患了肿瘤，不得不请假住院，接受三个月的化疗。

三个月过去了，玛莉恢复得很好。只是，由于化疗的作用，她那一头美丽的金发差不多掉光了。这个小女孩的坚强使她不惧怕肿瘤的来临，她的聪明和好学使她轻易就可以补上这三个月的功课，但是，难道能让她每天顶着一颗光秃秃的脑袋到学校去上课吗？这对她实在是太残忍了。

妈妈为玛莉买了一顶可爱的帽子。

星期一到了，离开学校3个月的玛莉第一次回到她所熟悉的教室，但是，她站在教室门口却迟迟没有进去，她担心自己的帽子会引起别人的注意。

意外的是，班里的每一个同学都戴着帽子，和他们的五花八门的帽子比起来，她的那顶帽子显得那样普通，没有任何人特别注意到她。

玛莉松了口气，她觉得自己和别人没有什么两样了，没有什么东西可以妨碍她与朋友们的见面。她轻松地笑了。

原来，老师知道了玛莉的事情，非常理解玛莉的心情。玛莉返校上课前，老师郑重地对同学们宣布："从下周一开始，我们要学习认识各种各样的帽子。所有的同学都要戴着自己最喜欢的帽子到学校来，越新奇越好。"

老师和同学们对玛莉无声的尊重，就是最温暖的爱。

（佚名）

入生的意义

> 穆罕默德并没有马上回答他的问题，而是首先问道："年轻
> 人，请你告诉我，你想在生命中得到什么呢？"

一位年轻人来向穆罕默德请教成功人生的意义是什么。

穆罕默德并没有马上回答他的问题，而是首先问道:"年轻人，请你告诉我，你想在生命中得到什么呢？"

"对不起，您的意思是……"年轻人不解地问。

"你想从生命中得到什么？比如幸福、财富、地位……"

"嗯……我想要健康、快乐和……当然，还有富足。"年轻人不好意思地回答道，"这不是每个人都一样吗？"

"是的，这也是为什么很少人拥有快乐、健康并且富足的原因。"

"您是什么意思？"

"如果你不知道要在生命中寻找什么，你如何找到它呢？"

"可是我刚才不是说了吗？我要健康、快乐和富足。"年轻人坚持道。

"可是这些字眼是多么模糊不清啊，没什么特别的意义，它们到底是什么意思呢？"

"对不起，我还是不明白您的意思。"年轻人急忙说。

"好！让我们说得更明白一点儿，比如，你要怎么样才会感到富足，还有你必须赚多少钱才会感到富足呢？"

"嗯……我想想。"年轻人终于理解了穆罕默德的意思，他想了想说:"我至少需要赚比现在的薪水多两倍的钱，才会感到富足。"

"好！这是个开始。还有呢？"穆罕默德微笑着问。

"我要拥有一所房子，没有贷款负担，还要一部车子。"

"哪种房子，哪个牌子的车子？"穆罕默德打断他说。

"我不知道。"年轻人回答，"那个并不重要，随便什么样子的都好。"

"是吗？"穆罕默德说，"那么，连卫生间都没有的房子，位置在脏乱的贫民区你也无所谓吗？"

"不！当然不行！"年轻人说。

"那么要哪一种房子才行呢？"穆罕默德又问。

"我最想要那种带小花园的二层小楼，我要有一间书房，有一个小餐厅，有一个大的卧室和客厅。房子最好位于城市的东边，那里是本城的商业中心，而我正好是从事这个行业的。"

"好！现在你已经越来越清楚了。"穆罕默德表示肯定。

"你认为只赚到比现在的薪水多两倍的钱就能负担得起这些吗？"

"不能。"年轻人笑了，"我就是赚比现在多五倍的钱，也负担不起这种昂贵的房子。"

"这样啊，那你刚才为什么说只要赚到两倍钱，你就会感到富足呢？"

"噢……那个时候，我还没有认真去思考这个问题。"年轻人承认。

"那么，你现在看到矛盾之处了吗？"穆罕默德说，"很多人都说他们想要富足，但是很少有人花时间仔细去想他们到底要什么，以及为什么要。如果你想开始为自己的生活创造源源不绝的财富，你必须好好把这些都想清楚。去找出你确实想要得到的东西，甚至连最细节的部分都想清楚，这是非常必要的过程。只说你要什么还是不够的。你必须知道是什么样的房子，哪种牌子、哪个型号、什么颜色的车子。最后，有一个清楚的愿望还不够，你还必须知道原因，如何达到目的，这才能真正对你有所帮助。"

（佚名）

不为自己的选择后悔

1859 年，达尔文出版了《物种起源》。这一著作终结了上帝创造人类的神话，为人类的思想解放开辟了新纪元。

达尔文是一个从不为自己的选择后悔的人，他出生于英国施鲁斯伯里镇的一个医生家庭，家里希望他继承祖业，因此 16 岁时他便被父亲送到爱丁堡大学学医。

可达尔文无意学医，在爱丁堡度过了两年的休闲时光后，达尔文的父亲觉得不能让他再不务正业下去，于是在 1828 年又送他到剑桥大学，改学神学。达尔文谨遵父命开始阅读《皮尔逊论教义》等神学典籍，却发现要把自己无法了解也难以理解的东西，硬要让自己相信，非常不合逻辑。就这样，本着"爱父但更爱真理"的态度，达尔文最终没有信奉上帝。

可以说，达尔文一生中最重要的转折就发生在剑桥大学。在剑桥期间，他结识了当时著名的植物学家亨斯洛和著名地质学家席基威克。亨斯洛循循善诱，使达尔文逐渐确立在科学研究上的信念，完全放弃神学并接受了植物学和地质学研究的科学训练。

1831 年，达尔文从剑桥大学毕业后，自费参加了一次环绕世界的科学考察航行。正如达尔文自己所说："贝格尔舰的航行，是我一生中最重大的事件；它决定了我此后全部事业的道路。"他们先在南美洲东海岸的巴西、阿根廷等地和西海岸及相邻的岛屿上考察，然后跨越太平洋至大洋洲，继而越过印度洋到达南非，再绕过好望角经大西洋回到巴西，最后于 1836 年 10 月 2 日返抵英国。这次航海彻底改变了达尔文的生活。达尔文从这次航行中总结出了一条经验并终生奉行：勤奋和对自己所研究的任何事物的专心致志。这一习惯使他在科学研究方面做出了骄人的成绩。

航行结束后，达尔文内心有许多想法涌现，加上没有结婚，单身汉的活力促成了大量研究成果发表，1837 年 7 月达尔文开始写作《第一本笔记》，其内容就是后来《物种起源》一书的原始事实材料。

1859 年，达尔文出版了《物种起源》。这一著作终结了上帝创造人类的神话，为人类的思想解放开辟了新纪元。

（佚名）

当风吹起时

"宜未雨绸缪，勿临渴掘井。"如果你想安心地睡觉，就应该像故事中的雇工一样，提前做好准备。

几年前，一位在大西洋沿岸拥有一块土地的农场主经常张贴广告雇用帮手。可是，很多人都不愿意在大西洋沿岸的农场干活——他们害怕大西洋上空猛烈的风暴会无情地摧毁房屋和庄稼，所以当这个农场主准备招工面试时，大家都纷纷避开了。

终于，一个身材矮小、身体瘦削的中年人来到农场主面前。"你是个干农活的好帮手吗?"农场主问他。

"嗯，起风的时候我可以睡觉。"那个矮个男人回答道。

尽管农场主对他的回答感到有些迷惑不解，但苦于长期没有帮手，于是便决定雇用他。那个矮个男人干活时特别卖力，从天刚蒙蒙亮就开始干农活，一直忙到天黑。看到他如此卖力，农场主自然十分满意。

一天晚上，海面上刮起了猛烈的大风，农场主闻声立即从床上跳了起来，抓起灯笼就向旁边雇工住的地方冲去。他晃着那个矮个男人喊道："起来!刮风暴了!快把东西系好，别让它们都刮跑了!"

然而，面对慌乱的农场主，那个矮个男人只是在床上翻了一下身，不慌不忙地说道："我不必起来，先生，我曾经告诉过你，刮风的时候我可以睡觉。"

农场主立即被他的回答激怒了，他真想把他解雇。可是，当务之急还是要去抢救东西，于是他赶紧跑出去应付外面的暴风雨。然而，令他惊奇的是：所有的干草堆早已盖好了防水油布，牛在牲口棚里面，小鸡在鸡笼里，门早已闩好了，百叶窗也关紧了，一切都安排得十分妥当，暴风根本刮不走任何东西。

此刻，农场主终于明白了雇工那句话的真正含义。于是，当风再次刮起来的时候，他也可以安心地睡觉了。

（佚名）

这些都是借口

只要你愿意付出，并且能够全身心投入，成功就距离你不会很远。

一个年轻人很希望自己能够在雕刻事业上有所成就，可他一直对自己缺乏信心。这天，他神色黯然地前去拜访一位雕刻大师，希望大师能够帮助他找到人生的方向。

"你为什么认为自己不能成功？"大师问年轻人。

听了这话，年轻人立即向大师倾倒自己一肚子的苦水。他说自己在雕刻方面没有天分，没有钱购买上好的雕刻器具，更没有背景深厚的家庭和朋友推荐自己的作品等等。总之，他认为一切都对自己不利。

"这些都是借口，哪怕它们看起来再情有可原，也不会成为你不成功的借口。"大师听了年轻的人话，摇了摇头。

"能不能告诉我，你喜欢哪个季节？"大师转换了话题。

"我哪个季节都不喜欢。"年轻人仍是一脸愁苦的样子。"春天的花朵很好看，不过我对花粉过敏，所以我很怕春天；夏天太热，我总觉得透不过气，巴不得它快点过去；秋天万木凋零，我总会因此觉得悲伤；至于冬天，是我最讨厌的天气，那种寒冷让我根本无法忍受！可是，我是来向您讨教成功经验的，您为什么要问我这些?"

"那么，你以为我是靠什么成功的?"大师反问道。

这位雕刻大师的人生经历很多人都知晓，这个年轻人当然也听说过。

大师一生下来就右腿残疾，母亲去世后，继母对待他十分苛刻，他只能像长工一样努力干活。后来，他成了一名矿工，也就是那时他对各种各样的石头产生了兴趣。一次矿难中，他的右腿彻底残废了，但是他却为此深感庆幸，因为矿难当中有几名矿工连尸体都不完整，可他却幸运地活了下来。

后来，他边打工边钻研雕刻，由于父亲重病，他的生活更加糟糕了。最后，他只能和父亲搬到城郊外的一处空地，然后用捡回来的东西搭盖成一个窝棚。可就是这样，他也没有放弃雕刻，年过半百之时，他终于成为了一名雕刻大师。

年轻人想了想，这位大师的确没有钱，没有好的背景。

"我想，您在雕刻方面一定很有天分。"年轻人终于想到了一个答案。

大师没有说什么，只是带着年轻人来到一个柜子前。他在里面找出了几件作品，拿给年轻人看。

"这些都是我早年的作品。"大师一边看着自己的"杰作"，一边缓缓地说道。

那是什么样的作品啊，简直称得上是惨不忍睹。看着这样的作品，年轻人都有些惊呆了。

"你再看看这个。"大师又拿出自己刚刚雕刻的，一朵十分精致，栩栩如生的玫瑰花。

"其实，雕刻并没有那么困难，只要你够努力，并且能够倾注自己的心血去雕刻。"望着大师的两件作品，年轻人终于醒悟了。

成功之路虽然坎坷，但任何事任何人都不能阻止你前进，能够阻碍你成功的只有你自己。

（佚名）

开启心灵之门

　　宽恕是人生的美德。宽恕能使一个人更加的成熟，让他用一个宽广的心胸去盛载世界；宽恕能更加密切人与人之间的关系，让他们用友谊的雕栏玉砌去装饰他们的亮丽人生。

　　"乔？是你吗？"篮球赛上一个有些面熟的女人问我。"玛西？"她大笑并惊叫道："真的是你！天啊，再次见到你真高兴啊！"

　　见到玛西，我也很开心。过去的几十年中，我也时不时地会想起她。几年前，我听一个我们都认识的朋友说，前十年里玛西过得很苦，当时我几乎要去追寻她的下落。能在篮球赛上碰面真是很幸运。

　　我们聊了几分钟的家常事，孩子和事业，爱人和家庭，教育和娱乐（仅用几句话就概括了 25 年的生活，真是让人感到有些不安。）我们用"你见过……"、"你知道……"询问了对方一些问题，又回忆了过去美好和沮丧的时光。之后，玛西沉默了一会儿，向地摊那边拥挤的人群望去。

　　她说："乔，你知道的。我总是想对你说……你不知道……当初那样对你，我感到很难过。"我有些不知所措。

　　人是不愿记住曾经被别人随便抛弃的日子的。

　　我答道："我很好，不用把它放在心上。"至少我现在是这样认为。"但是我曾经是那么傻。"她继续说。我心想，你确实是。"那时我们都太年轻。"我说。

　　"我知道，"她说，"但那不是理由……"她犹豫了一下，又接着说："一想起那样对你，愧疚感就折磨着我。我想跟你说'很抱歉'，所以……对不起。"她脸上的微笑温暖而真诚。她的眼中好像有什么东西——像一种信念，融化了我心中所有的怨恨。这些怨恨是在这些年里积累起来的。

　　"好的，我接受你的道歉！"我说。瞬间的甜美包围了我，我伸出一只胳膊，快速地给了她一个拥抱。就在这时，周围的人发出了一阵欢呼声，我和玛西把注意力转回到赛场。当我再看她时,她已经走了。但是我们短暂交谈的那种温暖和美妙的感觉还在,这一天里,我一想起这件事就感到温暖和甜美。

我们都有痛苦和令人难过的记忆——做了或是没有做的事,说了或是没有说的话。我们都在忍受由他人所为带来的伤痛,有些很小,有些则很严重。宽恕这一副良药可以减轻良心的谴责,可以安慰受伤的心灵,即使事过多年。

当然,只说"对不起"和"原谅你"是不够的。虽然这些简单的语句中拥有着强大的力量,但是对那些虚伪的人,只想控制、操纵或是利用别人的人,这些语言是没用的。然而,当这些话语经过了真实地体会和真诚地表达,就能够打开心灵奇迹之门,这就是宽恕的奇迹。

即使是在篮球赛场上也是一样。

（佚名）

换　票

只有依靠自己的努力,用积极的观念和态度,流自己的汗走自己的路,在实践中不断创新,不断奋斗,这样才能在人生路上乘风破浪、扬帆远航。

两个素不相识的乡下人,不期而遇地在同一天要外出打工,在同一个地点候车。一个要去北京,一个要去上海。可是在候车厅等车的时候,两个人同时都改变了主意。

因为他们无意间听见邻座的人议论说,北京人淳朴善良,见到吃不上饭的人,不仅给馒头,还送旧衣服,在北京没有人会饿死或者冻死;上海人精明投机,外地人问路都收费,在上海永远都能赚到钱。

两个人同时都改变了主意。去北京的人想,还是上海好,给人带路都能挣钱，还有什么不能挣钱的？我出来的目的就是挣钱，不是有饭吃有地儿住就可以了。幸亏还没上车，不然就失去这么一次绝好的致富机会了。

去上海的人想得正好相反。还是北京好，挣不到钱也饿不死，人活得那么辛苦干嘛？幸亏车还没到，不然真掉进了火坑。

于是，他们在退票处相遇了。原来要去上海的得到了北京的票，去北京的得到了上海的票。

去北京的人发现，北京比想象中的还要好，他初到北京的一个月，没找工作，什么都没干，竟然没有渴着饿着。不仅银行大厅里的太空水可以白喝，而且大商场里随处都有欢迎品尝的点心允许白吃，每天在商场逛一圈，品尝一番，也就吃饱了。

去上海的人也发现，上海也比想象中要好，它果然是一个可以发财的城市。只要愿意动脑子，干什么都可以赚钱。带路可以赚钱，开厕所可以赚钱，在路口弄盆凉水让人洗把脸，也有人愿意掏钱。只要想点办法，愿意花气力，都可以赚钱。

上海是一个水泥铸就的城市，很多上海人爱花，却没有过多的土壤。去上海的人凭着乡下人对泥土的感情和认识，在建筑工地装了 20 包含有沙子和树叶的土，以"花盆土"的名义，向不见泥土而又爱花的上海人兜售。当天他在城郊间往返 10 次，净赚了 150 元钱。

一年后，凭"花盆土"他竟然在大上海拥有了一间小小的门面。生意是越做越活，在常年的走街串巷中，他又有一个新的发现：一些商店楼面亮丽可是招牌较黑，经调查了解才知道，原来清洗公司只负责洗楼不负责洗招牌。他觉得这是个商机，便立即抓住这一空当，买了人字梯、水桶和抹布，办起一个小型清洗公司，专门负责擦洗招牌。如今他的清洗公司已由最初的单枪匹马发展到现在的一百五十多个打工仔，业务也由上海发展全国各大城市。

一次，他坐火车去北京考察清洗市场，在北京车站，一个捡破烂的人把头伸进软卧车厢，向他索要他手中的矿泉水瓶，就在递瓶时，两人都愣住了，因为仅仅是 5 年前，他们曾换过一次票。

（佚名）

微笑的力量

　　自己善意的关心和微笑，不仅可以为别人打开一扇窗，更可以为自己赢得许多成功的机遇。

　　爱德华是美国新泽西州一家药品公司的推销员。他的工作就是要把公司产品推销到新泽西州的各个药店，然后从药店的销售额中收取提成。

　　为了能够提高业绩，爱德华频繁地在新泽西州的各个药店来回奔波。不过，他不会费尽口舌地说服药店店主购买过多的药品，因为大多数药品都是有一定有效期的。虽然这样会影响他的销售提成。但爱德华的真诚为他赢得了许多老客户，即便爱德华没有及时前来拜访，这些客户也会主动联系他购买药品。

　　这天，爱德华前去拜访一家新开的药店。出乎意料的是，这家店主性格十分固执，无论爱德华怎样推荐药品，药店都会一口回绝。没有办法，爱德华只好宣布放弃。不过，临走前他还是习惯性地和店员以及店里的顾客打了声招呼。

　　刚刚离开不久，爱德华突然接到了一个电话。电话就是刚刚那位店主打来的，他表示要订购一批药品，数量还很多。

　　"能问您，您为什么改变了主意？"爱德华不明白为什么店主突然改变了主意。

　　"因为我的一个店员，"店主顿了一顿继续说道，"是您曾经给予过他巨大的帮助，让我改变了自己的主意。"

　　那名店员曾经遇见过爱德华。

　　那时候，店员的母亲常年生病，他常常前往药店购买药品。一次买药时正值药品涨价，店员的钱已经不够给母亲买药了，正在药店中推销的爱德华见状立即替他垫付了药钱，而且还给了他一个充满阳光的微笑。

　　店员后来回忆说，那个充满阳光的微笑，让他心中的愁苦一扫而光。于是，他开始自学药理知识，努力挣钱为母亲治病。如今，他已经成功地迈出了第一步。

当他再次看到爱德华的微笑时，一下子就认出了爱德华。他当即告诉店主，爱德华是怎样可靠的一个人。

"爱德华是个诚恳热情的人，他一定给很多药店的店员以及顾客留下了深刻的印象，这样他所在公司的产品也会引起人们的注意，和他做生意一定会有收获的。"店员努力说服店主。

当然，店主听从了店员的建议。而爱德华就这样多了一位忠实的客户。

（佚名）

瞎子的秘方

> 黑暗不是永远，只要永不放弃努力，黑暗过去，就会是无限光明。

从前，有这么一个故事，一老一少相依为命的两个瞎子，每日靠街头弹琴卖艺为生。一天，老瞎子终于支撑不住，病倒了，他自知不久将离开人世，便把小瞎子叫到床头，紧紧拉着小瞎子的手，吃力的说："孩子，我这里有个秘方，这个秘方可以使你得见光明。我把它藏在琴盒里面了，但你千万要记住，你必须在弹断每一千根琴弦时才能把它取出来，否则，你是不会看见光明的。"小瞎子流泪答应了师父。老瞎子含笑离去。

一天又一天，一年又一年，小瞎子用心记着师父的遗嘱，不停地弹啊弹啊，将一根根弹断的琴弦收藏着，铭记在心。当他弹断第一千根琴弦的时候，当年弱不禁风的小瞎子已到了垂暮之年，变成一位饱经沧桑的老者。他按捺不住内心的喜悦，双手颤抖着，慢慢地打开琴盒，取出秘方。

然而，别人告诉他，那是一张白纸，上面什么都没有。他的泪水滴落在纸上，他笑了。

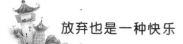

老瞎子骗了小瞎子？

这位过去的小瞎子如今变成了老瞎子，拿着一张什么都没有的白纸，为什么反倒笑了？

就在拿出"秘方"的那一瞬间，他突然明白了师父的用心，虽然是一张白纸，却是一个没有写字的秘方，一个难以窃取的秘方。只有他，从小到老弹断一千根琴弦后，才能了悟这个无字秘方的真谛。

一枚大头针

果然，恰科凭着一颗对一根针也不会放过的心，渐渐得以在法国银行界平步青云，最终有了功成名就的一天。

著名银行家恰科生前常向年轻人回忆过去，他的经历总是令闻者沉思起敬。人们在羡慕他的机遇的同时，也品味到了一个银行家身上散发出来的特有精神。

还在读书期间，恰科就有志于在银行界谋职。

临近毕业，他立即去一家最好的银行求职。一个毛头小伙子的到来，对一家银行的官员来说太不起眼了。恰科的求职碰壁了。

后来，他又去了其他银行，结果也是令人沮丧。

但是，恰科要在银行里谋职的决心一点也没受到影响。他一如既往地到各家银行求职，奔波在失望、希望的征途。

有一天，恰科再一次来到那家最好的银行，"胆大妄为"地直接找到了董事长，希望董事长能雇佣他。

然而，他与董事长一见面，就被拒绝了。

对恰科来说，这已是52次遭到拒绝了。当恰科失魂落魄地走出银行时，看见银行大门前的地面上有一根大头针。他弯腰把大头针拾了起来，以免伤人。

回到家里，恰科仰卧在床上，望着天花板直发愣，心想命运对他为何如此不公平，连给他试一试的机会也没有，在伤心中，他睡着了。

第二天，恰科又准备出门求职。在关门的一瞬间，他看见信箱里有封信。拆开一看，恰科欣喜若狂，甚至有些怀疑这是否在做梦——他手里的那张纸是录取通知。

原来，昨天，就在恰科蹲下身子拾起大头针时，被董事长看见了。董事长认为如此精细小心的人，很适合当银行职员，所以，改变了一下主意，决定雇佣他。

果然，恰科凭着一颗对一根针也不会放过的心，渐渐得以在法国银行界平步青云，最终有了功成名就的一天。

（佚名）

成功的信念

事实上，青年并未遇到过大的困难，可他却总是把自己推向"绝境"，企图在每一次背水一战中充分实现自己的价值。

上个世纪 80 年代末，大学生的数量可谓是凤毛麟角，找一份优越的工作是一件十分容易的事。有一个毕业于中山大学的青年，就被幸运地分配到了一个冰箱厂，工厂付给他当时令人眼红的 400 元月薪，400 元在那个年代是一笔相当可观的收入。

然而，令所有人没有想到的是，在冰冻箱厂工作了三个月后，青年就放弃了这份来之不易的高薪工作，考取了中科院的研究生。

拿到硕士文凭之后，青年本可以找一份待遇优厚的工作，然而他的选择再一次出人意料，他来到了当时工资很低的联想公司，最初的月工资只有300元。

于是，很多亲友对此都十分不理解："你读了三年书，现在和在冰箱厂有什么差别？"然而青年却不以为然。

在联想公司工作了一年以后，青年拿着中山大学本科、中科院硕士和联想工作一年的学习工作简历,应聘于新加坡的一家多媒体公司,从 30 个中国面试者中脱颖而出,拿到相当于一万元人民币的薪酬,开始了为期 6 年的异国打工生活。

在新加坡,他的工作跟青年的理想仍然存在差距,他先后在 3 家软件公司任职,后来还进了有名的飞利浦亚太地区总部。他不断地跳槽,但人们知道他绝不是因为钱。

事实上,青年并未遇到过大的困难,可他却总是把自己推向"绝境",企图在每一次背水一战中充分实现自己的价值。最后,居然再一次辞掉了高薪工作,决定自己创业。

几年后,青年已经步入了中年,他的事业也取得了巨大的成功,他就是被 IT 业界誉为"闪存盘之父"的朗科公司创始人邓国顺。

(佚名)

只要努力,就能飞翔

10 点左右,弟弟奥维尔驾驶着他们的飞机,在一片欢呼声中,自由自在地飞向天空,两支长长的机翼从空中划过,恰似一只展翅飞翔的雄鹰。

19 世纪末,一位穷苦的牧羊人带着两个孩子替别人放羊。他们赶着羊群来到一座山坡上,忽然看到了一群大雁从天空飞过,那么自由自在。牧羊人的小儿子问父亲:"为什么大雁会飞呢?"牧羊人一开始并不理解孩子的问题,简单地回答说:"大雁每年的这个时候都会往南飞,它们要去一个温暖的地方,在那里安家,好度过这个寒冷的冬天。"大儿子羡慕地说:"大雁可真厉害,能在那么高的地方飞,如果我们也能飞就好了。"小儿子也赞同地点了点头。

牧羊人惊呆了一下,才明白孩子们原来是在羡慕大雁呢。他笑着对两个孩子说："只要你们想，并为之付出努力，你们也能飞起来。"

两个孩子牢牢地记住了父亲的话，并一直不懈地努力着，长大以后便开始了他们的机械航空试验。从 1900 年至 1902 年期间，他们除了进行 1000 多次滑翔试飞之外，还自制了 200 多个不同的机翼进行了上千次风洞实验。他们废寝忘食地工作着，不久便设计出了一种性能优良的发动机和高效率的螺旋桨，然后成功以把各个部件组装成了世界上第一架动力飞机。

这兄弟俩就是美国著名的莱特兄弟。1903 年，他们制造出了第一架依靠自身动力进行载人飞行的飞机"飞行者"1 号，这是人类历史上第一次驾驶飞机飞行成功，莱特兄弟把这个消息告诉报社，可报社不相信有这种事，拒不发布消息。莱特兄弟并不在乎，继续改进他们的飞机。不久，兄弟俩又制造出能乘坐两个人的飞机，并且，在空中飞了一个多小时。

1908 年 9 月 10 日，天气异常晴朗，飞机飞行的场地上围满了观看的人们。人家兴致勃勃，等待着莱特兄弟的飞行。10 点左右，弟弟奥维尔驾驶着他们的飞机，在一片欢呼声中，自由自在地飞向天空，两支长长的机翼从空中划过，恰似一只展翅飞翔的雄鹰。

人们再也抑制不住他们的激动心情，昂首天空，呼唤着莱特兄弟的名字，多少人的梦想终于变为现实。

（佚名）

一米六五打天下

他闪电般的突破速度常常在巨人如林的 NBA 赛场把那些大个子们搞得晕头转向。他以平均每场 15.6 分的成绩，让很多球队的主力都望尘莫及。

1976 年 6 月 2 日，一个小男孩出生在美国俄亥俄州克里夫兰市。让父母一直担心的是，这个孩子的个头一直很小，因此从小到大都是同伴们讥笑的对象。但是他却没有自暴自弃，反而爱上了被称为巨人运动的篮球。

后来他进入了克里夫兰天主教会高中，并凭借娴熟的控球技巧成了校队的组织后卫。虽然身材矮小，但是闪电般的速度和精准的投篮成为他的两大"杀手锏"。在进入校队后的第二年，他的得分就居整个俄亥俄州所有高中球员的首位。

高中毕业后，他进入了东密歇根大学。在4年的NCAA（美国大学联盟锦标赛）中，他共参加了122场比赛，平均得分达到18.1分。大四那年，他的个人得分列在NCAA第二。

正当他满心期待在1998-1999赛季NBA选秀会上一鸣惊人时，他却遭受到沉重的打击。没有一支球队对身材矮小的他感兴趣。因为按照NBA的概念，1.80米以下的一般都被视为"小个子"，而身高只有1.65米的他简直就是NBA中的"侏儒"。

为了保持正常的训练和状态，他只好先去CBA（美国大陆篮球联赛）打球。不到一年，他终于等到了转机。新泽西篮网队将他召至麾下，不过仅仅过了5场比赛，他就被无情地裁掉。在此之后的几年间，他六易其主，一直不被重视，在每支球队都是替补球员。但他始终没有失去希望，他知道自己有这个能力，只是时机还不到罢了。他在继续等待着。

2004-2005赛季，由于球员伤病等原因，他所在的掘金队还处于起伏当中，但是作为替补出战的他，却创造了职业生涯的最佳成绩——场均12.9分、4.2次助攻，并于11月20日创造了职业生涯的单场最高得分——32分，他也成为了NBA单场得分超过30分的最矮球员，也使得掘金队成为当年NBA最大的黑马。

他就是美国篮球明星厄尔·博伊金斯。

他被称为NBA历史上继"土豆"韦伯（身高1.70米）和"小虫"博格斯（身高1.60米）后的又一个奇迹。他闪电般的突破速度常常在巨人如林的NBA赛场把那些大个子们搞得晕头转向。他以平均每场15.6分的成绩，让很多球队的主力都望尘莫及。

（佚名）

弟弟的奇迹

　　特丝笑了，她知道奇迹的准确价格是——1 美元 11 美分，还有一个孩子坚定的信念。

　　8 岁的特丝是个懂事的孩子。一天，她听到父母在谈论弟弟安德鲁，她知道弟弟病得很严重，但家里已拿不出钱来看病。他们下个月就要搬到混合公寓去住了，因为父亲已无钱支付医生的账单和住房的花销。弟弟得做手术，但高昂的手术费却无力支付，似乎也无人肯借钱给他们。特丝听到父亲极其绝望地哭着对母亲说："现在只有奇迹可以挽救安德鲁。"

　　特丝回到卧室，找出藏在壁橱里的果冻罐子，倒出里面所有的零钱，摊在地板上。她仔细数了三遍，结果都一样，也不可能出错。她小心翼翼地把硬币放回罐子，拧紧盖子，然后从后门出去，奔向六个街区外的药店，那家店门上嵌有一个大大的红色印第安酋长标志。

　　特丝耐心地等着药剂师。但此刻他实在太忙了，没有注意到她。特丝用脚摩擦着地面，发出很大的声响，但仍然没人搭理。她郁闷地干咳了两声，还是没人理睬。

　　最后，她从果冻罐里摸出一枚 25 美分的硬币，"砰"地一声把硬币放到了玻璃柜台上。果然有效。"噢，你想要什么？"药剂师不耐烦地问。接着又说："我弟弟刚从芝加哥回来，我在和他聊天呢！我们已经有好几年没见面了。"他只是随口一问，并不等特丝答话。

　　"嗯，我想和你谈谈我弟弟，"特丝同样有点儿不耐烦地回答他，"他真的病得非常、非常严重……我想买一个奇迹。"

　　"什么？"药剂师问。

　　"他叫安德鲁，脑子里长了一个坏东西。爸爸说现在只有奇迹才能救得了他。一个奇迹要多少钱呢？"

　　"小丫头，我们不卖奇迹，抱歉，我帮不了你。"药剂师说，声音柔和了点儿。

"你听我说，我有钱。要是不够，我再回去拿。你只要告诉我一个奇迹的价格。"

药剂师的弟弟很富有。他弯下腰,问小女孩:"你弟弟需要什么样的奇迹呢？"

"我不知道，"特丝哭了起来，"我只知道他病得很重，妈妈说得动手术，可是爸爸没有钱，所以我想用自己的钱。"

"你有多少钱？"那个从芝加哥来的人问道。"1美元11美分。"特丝的声音低得几乎听不见，"这是我所有的钱，不过需要的话我还可以再去拿。"

"噢，太巧了，"那人笑了，"你弟弟需要的奇迹正好值1美元11美分。"

他接过小女孩的钱，拉住她的手，说："带我去你家，我要看看你弟弟，见见你的父母，看看我这儿有没有你需要的奇迹。"

这个衣着体面的人是位神经外科医生，叫卡尔顿·阿姆斯特朗。他免费给安德鲁做了手术，不久安德鲁就回家了，身体恢复得很好。

之后，特丝的父母开心地谈到过去，发生了一连串的事才让他们有了今天。"那天的手术，"母亲小声说道，"的确是个奇迹，我真想知道那得花多少钱。"

特丝笑了，她知道奇迹的准确价格是——1美元11美分，还有一个孩子坚定的信念。

(佚名)

蛋糕不会从天而降

他终于吃到了自己赚钱买来而不是祈祷得来的蛋糕。小姑娘的话使他受益终生，并指引他走向了新的道路。

小克莱门斯刚满4岁，但他已经是一名小学生了。他的老师霍尔太太是一位虔诚的基督徒，每次上课之前，她都要先领着孩子们进行祈祷。

有一天，霍尔太太给孩子们讲《圣经》，当讲到"祈祷，就会获得一切"

的时候，小克莱门斯忍不住站起来，问道:""真的吗? 祈祷真的可以获得一切吗? 如果我祈祷上帝，他会给我任何我想要的东西吗?""是的，孩子。只要你愿意虔诚地祈祷，你就会得到你想要的东西。"

听到这样的回答，小克莱门斯高兴极了。此时他最想得到的是一块大大的蛋糕，因为他从来没有吃过蛋糕。而他的同桌，一个可爱的金发小姑娘每天都会带着一大块这么诱人的蛋糕来到学校。她常常问小克莱门斯要不要尝一口，倔强的小克莱门斯每次都坚决地摇头，但他的心是痛苦的，他其实很想尝尝那蛋糕是什么滋味。所以，那天在放学的时候，小克莱门斯兴奋地对小姑娘说:"明天我也会有一大块蛋糕。"

回到家后，小克莱门斯关起门，无比虔诚地进行祈祷，他相信上帝已经看见了他的表情，上帝一定会被自己的诚心感动的! 然而，第二天起床后，他找遍了所有上帝可能放蛋糕的地方，仍然什么也没有发现。他以为只是自己不够虔诚，所以他告诉自己:以后每天都坚持祈祷，一定要等到蛋糕降临。

一个月后，金发小姑娘突然想起来，笑着问小克莱门斯: "你的蛋糕呢?"小克莱门斯告诉小姑娘:""上帝也许没有看见我在进行多么虔诚的祈祷。因为每天有那么多的孩子都在做这样的祈祷，而上帝只有一个，他怎么会忙得过来呢?"小姑娘惊讶地看着他说:""难道你每天祈祷只是为了一块蛋糕吗? 你为什么不自己去赚钱买一块呢? 几个硬币就可以买到了。"

小克莱门斯恍然大悟。从此，他决定不再祈祷。小姑娘说得很对，为什么不自己去赚钱买一块呢? 所以，小克莱门斯对自己说:""我不会再为一件卑微的小东西祈祷了。"

不久，他就通过给别人送报纸或帮别人遛狗，攒够了买蛋糕的钱。他终于吃到了自己赚钱买来而不是祈祷得来的蛋糕。小姑娘的话使他受益终生，并指引他走向了新的道路。

(佚名)

走进别人心里

心理学家作为被邀请的贵宾，参加了他们的婚礼。望着幸福的新娘，人们都说心理学家创造了一个奇迹。

几十年前，纽约北郊曾住着一位姑娘名叫艾米丽，她自怨自艾，认定自己的理想永远实现不了。她的理想也就是每一位妙龄姑娘的理想：跟意中人——一位潇洒的白马王子结婚，白头偕老。艾米丽整天梦想着，可周围的姑娘们都先后成家了，她成了大龄女青年，她认为自己的梦想永远不可能实现了。

在一个雨天的下午，艾米丽在家人的劝说下去找一位著名的心理学家。握手的时候，她那冰凉的手指让人心颤，还有那凄怨的眼神，如同坟墓中飘出的声音，苍白憔悴的面孔，都在向心理学家说：我是无望的了，你会有什么办法呢？

心理学家沉思良久，然后说道："艾米丽，我想请你帮我一个忙，我真的很需要你的帮忙，可以吗？"

艾米丽将信将疑地点了点头。

"是这样的。我家要在星期二开个晚会，但我妻子一个人忙不过来，你来帮我招呼客人。明天一早，你先去买一套新衣服，不过你不要自己挑，你只问店员，按她的主意买。然后去做个发型，同样按理发师的意见办，听好心人的意见是有益的。"

接着，心理学家说："到我家来的客人很多，但互相认识的人不多，你要帮我主动去招呼客人，说是代表我欢迎他们，要注意帮助他们，特别是那些显得孤单的人。我需要你帮助我照料每一个客人，你明白了吗？"

艾米丽一脸不安，心理学家又鼓励她说："没关系，其实很简单。比如说，看谁没咖啡就端一杯，要是太闷热了，开开窗户什么的。"艾米丽终于同意一试。

星期二这天，艾米丽发式得体，衣衫合身，来到了晚会上。按着心理学家的要求，她尽职尽力，只想着帮助别人。她眼神活泼，笑容可掬，完全忘掉了自己的心事，成了晚会上最受欢迎的人。晚会结束后，有三个青年都提出要送她回家。

一个星期又一个星期，三个青年热烈地追求着艾米丽，她最终答应了其中一位的求婚。心理学家作为被邀请的贵宾，参加了他们的婚礼。望着幸福的新娘，人们都说心理学家创造了一个奇迹。

（佚名）

从孤儿到大富豪

你决不能放弃，继续前进。一次又一次地制定计划。如果必要，也可以在幻想中寻求慰藉。不过，在你制定出计划之后，就要设法去达到目标。

汤姆·莫纳干的一生，是典型的白手起家的故事：4岁的孤儿，33岁的大富豪。

莫纳干4岁的时候，父亲去世了。母亲无力供养两个孩子，只得把孩子们转交天主教的男童之家。汤姆和弟弟杰姆都是在那里由神父和修女带大的。

成为一个牧师，是莫纳干早期的事业梦，但是在神学院里的一场枕头战断送了他的前程。他报名参加了海军，1959年带着2000美元的积蓄退伍，可一个油滑的推销商将他的积蓄化为乌有。莫纳干变得一文不名、无家可归，他掉头返回密执安州，在一个报摊上干活，筹集学费去读书。

此后不久，他被东密执安大学录取，可又因病退了学。弟弟杰姆提议他们买下一个餐馆主人的比萨摊位。营业地点就在东密执安大学校园里，1960年12月兄弟俩接管了这家小店，尽管两人都从未做过食品生意。

可是，8个月之后，23岁的汤姆·莫纳干眼睁睁地看着弟弟杰姆开着那辆大众甲壳虫汽车走了。杰姆以他在比萨饼店的股份所有权交换了汽车的独占权。

由于弟弟这个惟一的帮手走了，汤姆只得自己把全部活儿包揽下来。制作比萨需要好几个小时做准备，汤姆通常每天要工作 18 个小时，从上午 10 点直到凌晨 4 点，包括打扫厨房、擦洗地板。

汤姆通过寻找，发现了一个合伙人，此人有开比萨店的经验，善于调一种特殊的番茄汁。莫纳干以比萨王的名字在易普西兰蒂增开了两家比萨店，他的新伙伴则用别的名字开了两家餐馆。

莫纳干亡命地每周投入 100 个小时去巩固这三家比萨店的地盘。不幸的是，他那不受管束的合伙人从那两家餐馆里提走了现金大肆挥霍。

1964 年，莫纳干取消了合股经营，一年之后，那个合伙人宣告破产，可是莫纳干也承受了财务上的打击，因为所有的店铺仍然用的是他的名义。

一张补缴 7.5 万美元税金的账单留给了他，他要么付款，要么声名扫地。莫纳干发誓要偿还一切债务，他决定排除消极的社会影响，取一个全新的名号。

一位经理建议用"达美乐"，莫纳干认为很好，因为这个全新的名字不至于让老顾客们混淆不清。莫纳干努力工作，降低成本，1965 年他获得了 5 万美元的赢利。

1967 年，一场大火摧毁了总店，他损失了 15 万美元，仅得到了微不足道的 1.3 万元的保险赔偿。

莫纳干命令剩下的店铺组成一套相对独立的装配线，一家铺子专门和面团，另一家准备奶酪，第三家调配调味汁。这样，在不依赖总店供应的情况下，所有的铺子都可以继续运转。

到了 1968 年，莫纳干决定尽快扩大发展。在那些瞬息万变的日子里，快餐食品连锁店如雨后春笋，遍及街头巷尾。

莫纳干沉浸在成功的喜悦中，他成了家乡的孩子勤奋成才的榜样。可当莫纳干评估了他的财政状况后，他惊愕地发现：由于发展太快，现金流动问题逐日上升，公司的欠债总计达 150 万美元。投资银行已对他不再感兴趣。

1970 年 5 月 1 日，他失去了达美乐的控制权。

银行和债主允许莫纳干以 12 家店铺的监督人身份留下来。在一年之中，那个风云人物就变成了乡下的白痴。每一个和达美乐公司有过生意往来的人，都诅咒这个名字，奚落它的创始人。

可不到一年，莫纳干通过协商要回了他全部的股票，同时还新掌管了一家收入丰厚的比萨店。障碍总算是跨越过去了。

1971 年，一年一度的职业橄榄球冠军赛开始了，莫纳干推出了 1 美元 1 个的比萨。东兰辛店铺一天就卖了 3500 个比萨。

在 1972 年，莫纳干和他的一些店主们聚在东兰辛店帮忙，以图满足第二届超级杯赛的需要。这次比赛使得东兰辛店 5 个小时内生产了 5000 个比萨，数量与吉尼斯纪录相当。

到了 1973 年，达美乐公司在 13 个州里有了 76 家分店，而且都小有利润。在 1978 年的 11 月，达美乐公司开设了它的第 200 家店铺，此外，这一年还增加了 28 家连锁店。

莫纳干越过了艰难的障碍，终于到了该他享受劳动成果的时候了。

他说："我简直不敢相信那 10 年的利润，我从来没有过那么多从四面八方涌来的钱，我觉得到了花销一些辛苦钱的时候了。"

他的确会花钱。

他花了 2200 万美元买了一辆稀有的巴格蒂跑车。

他花了 4000 万美元收集了弗兰克？劳埃德？赖特的纪念物，包括赖特设计的一所房子；彩色玻璃窗；在芝加哥对面"骑士之家"的一间餐厅。

他还拥有一艘他称之为"达美乐效率"的 173 英尺高的游船。

还有他最后宣称的"瞧，我做到了。"——他买下了每一个美国孩子都梦想过的一支棒球队。那是在 1983 年，他花了 5300 万美元，买下了他所深爱的底特律老虎队。

这个孤儿积聚了他年轻时代的每一个梦想。他甚至收集了 150 多辆高级轿车，价值 15000 万。

每个人都以为，随着莫纳干财富的增加，他的占有欲也会更加强烈。

没有人预料到后来发生的事情。莫纳干决定卖掉他在达美乐公司的 97% 的股份，把钱施予天主教慈善机关。可紧接着的两年半，他又遇到了一场可怕的灾难：股份一直没有卖掉，在迟迟不决期间，原先赢利的生意走上了下坡路。

金融分析家认为，没有人出价的部分原因是因为莫纳干的财务资产与公司密不可分，没有会计能够真正统计出公司到底值多少。

对莫纳干来说，这是他一生中极大的危机，威胁着他的名声和财富，但是他并未妥协让步，而是以他重新建立的信心去面对这场灾难。

售出无望后，莫纳干只得重新掌舵，回到首席执行官的位置上。到了1992年，公司由于技术上的失误，负债近2亿美元。这在达美乐的历史上是第二次，银行纷纷亮起红灯，怀疑公司是否能逃过这一劫。

在那一段困难的时间里，他惟一的安慰就是无休无止地工作，在纸上预测未来的现金流，直到公司能重新恢复到赢利的年代。

让美国人最为吃惊的是，这位大富豪在重建公司的同时，还放弃了大部分自己聚积起来的财富，包括那些名贵豪华的轿车，高大的游船以及底特律老虎队等等。

在降低成本和重振公司5年之后，达美乐实现了销售的稳步增长，莫纳干又一次奇迹般地把他的公司从失败的风浪中拯救了出来。

在1998年，莫纳干成功地以10亿美元的价钱把公司卖给了伯恩资本公司，他自己留下了9亿美元的私人财产。

在20世纪90年代经济好转、资本大量涌入时，公司找到了买主，而莫纳干也终于带着自豪和利润退了出来。用这一大笔钱，他在数年之间新建了一批天主教组织机构。

问及他对那些经历挫折的生意人有什么忠告时，他答道："你决不能放弃，继续前进。一次又一次地制定计划。如果必要，也可以在幻想中寻求慰藉。不过，在你制定出计划之后，就要设法去达到目标。"

（佚名）

永远尽力而为

> 现在轮到国王的眼睛充满泪水，他向幼子温和地说："我的儿子，你是对的，那座山峰上根本没有树木，现在，我们王国的一切都是你的了。"

从前，远方有个王国，住着一位国王和他的三个儿子。他的年岁渐老，急着将王位传给儿子，然而他无法决定谁该继承王位。为了解决这个难题，他设计了一个比赛，来测试每个儿子的精力与智能。到了指定的那一天，他把三个儿子叫到跟前，对他们说：

"位于我们王国最北方的角落，一个最偏远的地方，有一座雄伟的山峰，那是王国最险峻的山岭，它的峰顶直达云端，我知道这些是因为我小时候曾经爬到山巅。我可以告诉你们，在山顶长着全世界最老、最高、最壮的松树，它们是举世无双的松树。为了考验你们的实力、体魄和治国的能力，我将派遣你们每一个，一次一人，独自去攀登那座高峰。我希望你们每人到了峰顶，从最高大、挺拔的一棵树上摘下一根树枝回来，凡是把最棒的树枝拿回来的人，可以接替我治理我的王国。"

就照国王所说的，第一个儿子首先出发，带着行囊装备朝高山前进，而国王和其他的儿子则在家中守候。一个星期、两个星期过去了，到了第三个星期快要结束的时候，年轻人回到王国，他一路风尘仆仆，带回了一根巨大的树枝，国王似乎很满意，向他恭喜完成了任务。

接下来轮到第二个儿子，他发誓要取回更好的树枝，于是带着帐篷和必需品上路了。一个星期、两个星期，接着三个星期过去了，国王还在等他回来；四个星期、五个星期，最后到了第六个星期快结束时，第二个儿子终于返回来了。当他快走到时，众人都可以看到他拖着一根庞大的树根，比第一个儿子拿回来的还大很多。他确实表现了他的英勇，而国王似乎欣喜若狂。

最后，轮到第三个儿子了。国王开口说："现在轮到你了，我要看看你是不是能带回比你哥哥们更巨大的树枝。"这个小儿子显出担忧的神色，当然他是最年幼的一个，他不可能强过他的哥哥们。他请求国王将王位传给他的哥哥。

可是，国王坚持他至少要一试。这个幼子婉拒无效，只好收拾行囊朝高山出发。二周、四周，直到六周过去了，没有丝毫音讯；六周、十周、而后十二周又过去了，直到第十四个星期末，才传来第三个儿子在返家路途中的消息。

国王算算他的归期，命令全国人民齐聚一堂，等候第三个儿子回来，因为一旦他回来，便可决定谁是未来的国王了。当王子快到时，只见他的头低垂，眼睛只敢望着地面，他全身衣服又脏又破，等他接近国王时，所有人都很清楚地看出他不仅疲累不堪，而且连半根树枝也没扛回来。他抬头迎着父亲的目光，很小声地说："父亲，我令你失望了，我的哥哥应该做国王，他有资格治理王国。"

国王说话了，全场静默无声："儿子，你根本没试，你甚至连一根树枝都没带回来！"

这个儿子含着羞愧的泪水说："对不起，父亲，我并不想让你失望，我试着去完成你交待我的事，我旅行了好几个星期，走到王国的最北端，我确实寻到了一座雄伟的高山。我照你的指示，日以继夜去爬山，直到我登上最顶端，也就是你说过年轻时曾经到达的山颠，我到处找了又找，在山顶上根本就没有树！"

现在轮到国王的眼睛充满泪水，他向幼子温和地说："我的儿子，你是对的，那座山峰上根本没有树木，现在，我们王国的一切都是你的了。"

（佚名）

系紧你的鞋带

营销部迅速展开了市场调查。但一个星期过去了仍一无所获。后来，一员工给总经理送去了一张报纸，营业额下降之谜才得以解开。

有一家超市，生意相当红火，营业额每月以5%~8%的幅度增长。但有一个月月底，财务部却发现当月营业额比上个月下降了近10%。这是个相当严重的问题，财务部迅速将情况向总经理作了汇报，总经理又迅速召集了营销部的工作人员，责成他们立即调查营业额下降的原由。

营销部迅速展开了市场调查。但一个星期过去了仍一无所获。后来，一员工给总经理送去了一张报纸，营业额下降之谜才得以解开。

原来，在两个月前，有一名女顾客到这家超市购买生活用品，在结账的时候，她发现售货员少找了1元钱，但售货员坚持认为没找错，因此发生了一次小小的争执。尽管后来售货员让步了，但女顾客却认为受到了侮辱，便将此事写成了一篇短文，狠狠批评了该超市的服务质量。该文刊登在当地一社区主办的小报上，而这家超市有近四分之一的顾客来源于这个社区。

总经理立即叫人找来那名肇事的售货员，令他惊讶的是，站到他面前的竟是一名多年来连续获得"优质服务模范个人"称号的员工。

在交谈中，总经理知道了这位优秀职工失职的原因。

那天上班，她和平时一样，早早起了床，吃完早饭就匆匆赶到公交车站。就在她和一群上班族奋力挤向车门时，鞋带突然散了，鞋子立即从脚上掉了下来。她赶紧去找鞋子。等她穿好鞋子后，车子已经开走了，于是她只好等下一班车……那天她上班迟到了。当她刚刚迈进超市大门的时候，就受到管理人员的严厉批评。接下来的一段时间，她的心情一直很坏。当那位顾客对找回的零钱提出异议时，她的言语明显不够温和……

听完售货员的叙述，总经理思忖了一会儿，最后，他语气缓和却很郑重地说道："以后，请系紧你的鞋带，一刻都不要松懈。"

（佚名）

感恩节快乐

不管你是所知有限，还是能力不足，只要你愿意，一样可以给人巨大的帮助。

那是多年前一个感恩节的早上。

一对夫妇愁云满面地坐在家里，因为他们实在是穷得可怜，根本没有食物准备感恩节的"大餐"。

就在这时，突然有人敲门，妈妈连忙吩咐儿子去开门。

门外站着一个高大的男人，穿着一身皱巴巴的衣服，手提着一个大篮子。篮子里满是各种食物，有一对火鸡，还有塞在火鸡里的配料，还有厚饼、甜薯及各式罐头等。这些都是感恩节大餐必不可少的。

男孩站在门口愣住了，母亲闻讯走上前来，也呆在了门口。

"这篮子东西是有人差我送来的，他说你们需要这些，而且希望你们知道，有人在关怀着你们。"男人开口说道。

"不，这些东西我们不能收，不过还是要谢谢您的关爱！"母亲颤抖着声音推辞着。

"快收下吧，我也只是个跑腿的！"说完，他微笑着把篮子搁在小男孩的臂弯里，转身就离开了。"感恩节快乐！"男人远远地喊道。

男孩愣了愣，随即也喊了一声："感恩节快乐！"

这个感恩节改变了男孩的一切，他发誓日后也要以同样方式去帮助其他有需要的人。小男孩18岁那年，终于有能力兑现当年的许诺。那时候，他的收入也很微薄，但感恩节那天他还是买了很多食物。他假装自己是个送货员，穿着一条老旧的牛仔裤和一件T恤，带着自己准备好的食物出发了。

男孩来到一家住户门前，敲了敲门。

开门的是一位拉丁妇女。几个月前她的丈夫抛下她以及六个孩子离开了，只留下她与六个孩子相依为命。

"我是来送货的，女士。"男孩一边说，一边拿出了装满了食物的袋子和盒子。里面有一对火鸡以及火鸡配料，还有厚饼、甜薯及各式的罐头。

女人当即愣住了，她身后的孩子们则大声地欢呼起来。

"可是……"女人有些难以置信。

"这是别人差我送来的,他希望您知道仍旧有人在关心着您。"男孩连忙解释到。

听了这话，女人当即泪流满面，嘴里不停地说着："你一定是上帝派来的！你一定是上帝派来的！"

男孩把一袋袋的食物搬进了屋子里，孩子们欢呼雀跃着，这个小家庭达到了快乐温馨的极点。而那位女人，则默默地站在一边流泪。

搬运完了食物，男孩礼貌地退到了门外。

"祝您一家都能过个快乐的感恩节，也希望你们知道有人在默默爱着你们。今后，假若你们有能力，就请同样把这样的礼物转送给其他有需要的人吧！"男孩微笑着说道。

女人听了点了点头。就这样，男孩转身离开了，转过身去他才发现，自己竟然已经热泪盈眶。

这个男孩就是世界著名的潜能大师安东尼·罗宾。

（佚名）

1000 亿美元

成功就是做自己想做、喜欢做的事情，能对社会做出一定的贡献。

曾经有一个才华出众的小伙子深受美国汽车工业巨头福特的欣赏。福特很想帮这个小伙子一把，于是问他一生中最大的愿望是什么。

小伙子毫不犹豫地说，他一生最大的愿望就是赚到 1000 亿美元。

这让福特大吃一惊，因为这个数字是福特现有财产的 10 倍。福特不解地问："能不能告诉我，你要那么多钱干什么？"

小伙子想了想，轻描淡写地说："坦白地说，我也不知道干什么，我只觉得只有这样才算是成功。"

福特说："小伙子，一个人如果真有那么多钱，将会威胁整个世界，何况你这个目标也太遥远太伟大了，我想我能帮你做的是其他更实际更近一点儿的事情。"

小伙子听后有些若有所思，后来的 5 年里，福特一直拒绝再见这个年轻人。他觉得自己实在是看错人了，这个年轻人这么目空一切，这么极端，肯定不会有大出息的。

有一天，小伙子突然登门拜访福特，他告诉福特自己想创办一所大学，需要 800 万美元的经费，他自己经过这 5 年的奋斗已经有了 700 万，希望福特能援助他另外 100 万美元。

这一次，福特爽快地答应了他，此后还帮了他不少忙，只是他俩谁也没有再提起那 1000 亿美元的事了。

经过 8 年的奋斗，小伙子最终成功了，他的大学成为美国最著名的公立大学之一，他就是著名的伊利诺斯大学的创始人本·伊利诺斯。

（佚名）

拿起你的鞭子

自立自助者才能自救，遇到困难的时候不要首先想到寻求别人的帮助，自己可以办到的事情，先自己动脑筋想一想，动动脑子，问题或许很快就迎刃而解了。

车夫驾着一辆满载干草的车子走在乡间的路上，没想到却陷进了泥坑里。在乡下的田野上，会有谁来帮这个可怜人的忙呢？这完全是命运之神有意惹人发怒而安排的。

陷入泥坑里的车夫肝火正旺，骂不绝口。他骂泥坑，骂马，又骂车子和自己。无奈之中，他只得向举世无双的大力神求救。

"赫拉克勒斯，"车夫恳求道，"请你帮帮忙，你的背能扛起天，把我的车从泥坑中推出来对你来说应该是举手之劳。"

刚祈祷完，车夫就听到神从云端发话了："神要人们自己先动脑筋、想办法，然后才会给予帮助。你先看看，你的车困在泥坑里究竟是什么原因？为什么会陷入泥坑？拿起锄头铲除车轮周围的泥浆和烂泥，把碍事的石子都砸碎，把车辙填平，你不自己尝试一下怎么行呢？"

过了一会儿，神问车夫："你干完了吗？"

"是的，干完了。"车夫说。

"那很好，我来帮助你。"大力神说，"拿起你的鞭子。"

"我拿起来了……咦，这是怎么回事？我的车走得很轻松！大力神赫拉克勒斯，你真行！"

这时神发话说："你瞧，你的马车很便当地就离开了泥坑！遇到困难，要先自己动脑筋想办法解决，老天才会助你一把的。"

（佚名）

成功没有那么难

　　人世中的许多事，只要想做，都能做到；该克服的困难，也都能克服，用不着什么钢铁般的意志，更用不着什么技巧或谋略。

并不是因为事情难我们不敢做，而是因为我们不敢做事情才难的。

1965 年，一位韩国学生到剑桥大学主修心理学。

在喝下午茶的时候，他常到学校的咖啡厅或茶座听一些成功人士聊天。这些成功人士包括诺贝尔奖获得者，某一些领域的学术权威和一些创造了经济神话的人，这些人幽默风趣、举重若轻，把自己的成功都看得非常自然和顺理成章。

时间长了，他发现，在国内时，他被一些成功人士欺骗了。那些人为了让正在创业的人知难而退，普遍把自己的创业艰辛夸大了，也就是说，他们在用自己的成功经历吓唬那些还没有取得成功的人。

作为心理系的学生，他认为很有必要对韩国成功人士的心态加以研究。1970 年，他把《成功并不像你想象的那么难》作为毕业论文，提交给现代经济心理学的创始人威尔·布雷登教授。

布雷登教授读后，大为惊喜，他认为这是个新发现，这种现象虽然在东方甚至在世界各地普遍存在，但此前还没有一个人大胆地提出来并加以研究。

惊喜之余，他写信给他的剑桥校友——当时正坐在韩国政坛第一把交椅上的人——朴正熙。他在信中说："我不敢说这部著作对你有多大的帮助，但我敢肯定它比你的任何一个政令都能产生震动。"

后来这本书果然伴随着韩国的经济起飞了。这本书鼓舞了许多人，因为他们从一个新的角度告诉人们，成功与"劳其筋骨，饿其体肤""三更灯火五更鸡""头悬梁，锥刺股"没有必然的联系。只要你对某种一事业感兴趣，长久地坚持下去就会成功，因为上帝赋予你的时间和智慧够你圆满做完一件事情。

后来，这位青年也获得了成功，他成了韩国泛业汽车公司的总裁。

（佚名）

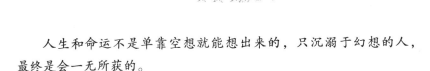

女孩和牛奶罐

人生和命运不是单靠空想就能想出来的，只沉溺于幻想的人，最终是会一无所获的。

一个女孩在清晨拿着挤好的牛奶到街上去卖。

在这之前女孩已经去街上卖过很多次牛奶了，所以对于上街的路线、市场的地点，以及如何卖个好价钱都相当清楚。她和以往一样，把牛奶罐顶在头上，走在通往市街的路上。

天空晴朗，凉风轻柔地吹拂着面颊，女孩却对这一切无动于衷。她的心早就飞到了繁华热闹的大街上，满脑子想的都是卖完牛奶后的打算。那时候，她的手上会有一笔钱，往常她总会在卖完牛奶后到市场上买各种各样的小东西，这是女孩私下最大的乐趣。

一想到那些形状特别的水果、香甜可口的甜点，还有色彩鲜亮的布料，女孩就开心无比。她想象着在市场上闲逛的轻松自在，心里快活极了，这可是她那些居住在乡村里的伙伴们无法享受到的。

"对了，甜点铺的隔壁有卖漂亮的围巾。今天去那里瞧一瞧，或许会找到花色美妙的围巾。围上那条围巾到街上的广场走一走，别人肯定认为我是城市出身的女孩或者是好家庭出身的女孩。也许会有人跟我搭讪，那时候该怎么办？如果那个人长得不怎么样，我就只报以浅浅的微笑，直接拒绝。如果那个人很英俊，家世看来也不错，我要怎么办呢？如果那个人问我要不要参加今天晚上的舞会，还伸出手来邀请，我又怎么办呢？在那样的情况下，我即使想接受，也要先隔一点时间，然后才嫣然一笑，给予答复。我必须做出千金小姐的模样，稍微屈膝，点头致意才行……"

好像自己的面前就有一个绅士站在她的面前邀请她跳舞似的，女孩稍稍屈膝，伸出一只手，垂下眼睛致意。这下子糟了，头上的牛奶罐掉到地上摔破了。

（佚名）

人民银行家

　　查普佩埃对摇摆不定的人的忠告简短且直截了当：相信自己，坚持不懈，意志坚定地完成你的目标。

　　埃玛·查普佩埃是费城联合银行的创使人，费城人非常熟悉她并亲切地称她为"人民的银行家"。查普佩埃是个身材高大的黑人妇女，精力旺盛、富有生气，比一般的银行首席执行官要幽默得多。在费城，联合银行和独立钟一样是费城的标志。

　　查普佩埃刚满 14 岁时，她的母亲去世了。失去母亲之后，除了父亲乔治外，对她影响最大的要数她的牧师了。这可不是个一般的牧师，而是利昂?沙利文博士，费城基督教浸礼会的大主教，后来因把道德准则从布道坛带入商界而闻名。

　　在查普佩埃 16 岁就快高中毕业时，沙利文问她打算做什么。"我告诉他我想找份工作，因为我不能马上进大学。"沙利文决定亲自对她进行能力倾向的测试。他发现查普佩埃在数学方面成绩突出，沙利文说："我知道有个工作适合你！"他要她考虑去银行做事，一个当时在费城很少有黑人能介入的领域。他为她做了所有必须的引荐和安排。她开始在大陆银行工作，周薪 45 美元，负责给客户的支票和存款单拍照。那时她 18 岁。她说，从她进银行的那一刻起，她便喜欢上了银行的一切。她喜欢数钱，喜欢跟钱打交道，喜欢观看人们从出纳员手中接过钱时脸上的表情。最重要的是，她喜欢金钱的行善能力：掌握着金钱并以此来帮助人们获得更多的金钱，还有比这更快乐的吗？

　　很快她便做了出纳员，她说，"在我提升的过程中，每个工作都让我有机会看到金钱是如何影响人们的生活的。"

1975 年，她被任命为小企业管理部门的联络人，把约 3000 万美元的贷款贷给少数种族所属的企业和妇女开办的企业。在这些年当中，她结了婚，生了两个女儿，又同丈夫分了手，还差点死于脑膜炎。这段经历使她再次相信，上帝让她到这个世上来是有他的目的的，还没有到结束的时候。

1977 年查普佩埃 34 岁时成为大陆银行历史上第一位黑人副总裁，并且是费城金融界担任副总裁的第一位妇女。她开始梦想有一天创建一个自己的银行，一个致力于满足少数种族的需求的银行。

1983 年，杰西？杰克逊请查普佩埃做他的总统竞选的财务主管。她无法拒绝这样的机遇。查普佩埃说，这使她再一次了解了金钱的创造性的力量：正是金钱使杰克逊竞选活动中的一切成为可能。她本来是可以把一些工作交给别人去做的，但她却亲自过问，做到所有该付的账都付清。她说："我努力让可敬的杰克逊一身轻松、快乐无忧，他从不用担心资金方面的问题，每分钱我都能解释清楚。"

这段经历对查普佩埃来说是非常可贵的。1984 年的竞选后，她还清了所有的竞选债务，并且帮助杰克逊建立了彩虹联盟。她说："我成为了彩虹联盟的第一任行政副总裁。同样，我去了每个城市以确保所有的账目和记录都正确无误。"在 1987 年，她得出这样一个结论：只有银行业而不是政治才会让她为大多数人做更多好事。于是她回到了大陆银行任副总裁。杰克逊同意了。他感到查普佩埃在金融方面将会和他在政治方面可能取得的成就一样伟大。

不久，一些律师和投资银行家找到她。他们也想开办一家以少数种族为主要借贷对象的银行，他们认为查普佩埃是启动这件事的最佳人选。然而在 1987 年 10 月，市场突然崩溃了，资金也枯竭了。没有人做任何的投资，更别提开银行了。

这样一来，从财政的角度说，她不但没有进展，还陷入了困境。

在研究中查普佩埃发现，在过去的那些年里，至少已有 5 次开办这种银行的尝试，但都以失败告终。

查普佩埃没有被困难吓倒，而是继续同支持者和顾问们会晤。1989 年，在律师的帮助下，她整理了一个股票宣传单。她到社区去发表演说，出售股票。

为了筹到钱，她还组织家制糕饼义卖和擦洗汽车等活动。最终，她筹集了 300 万美元，但她要筹集 500 万才行。

她不断地祈祷着，她回想起她曾经经历过的许多危机：她母亲的去世、她自己的临终体验等。`"我认为上帝把我带到了这么远的地方，他不会抛下我不管的。"她微笑着说。

她决定她要继续下去。但是，她怎么才能筹集到另外的 200 万美元呢？

她发现，许多小的社区银行都是由大银行投资开办的，大银行借此来实现它们自己的目的，比如达到"社区再投资法案"的要求。她开始去找银行家朋友，结果令人相当满意。她拿到的第一张 10 万美元的支票，是她的老雇主大陆银行给的。别的银行也捐助了相近的数额。

查普佩埃想到了一条新的策略：她可以在布道坛上向全体教徒直接筹集资金。查普佩埃成了金融福音传递者。从 1989 年到 1991 年，她几乎走访了费城的所有教堂。

1991 年 12 月 31 日是她的最后期限。州政府曾提醒过她，如果在这天之前她筹集不到 500 万美元，她就得不到特许状。

这一天悄然逼近了。很多投资人在听说了她的困境之后，纷纷斥资前往。最后，她筹集到了 600 万美元，比要求的整整多出了 100 万。

与此同时，她本人却破了产。在筹备期间，她一直靠自己的积蓄生活，拒绝从筹集到的资金中支付她自己的薪水。从 12 月 31 日的最后期限到 1992 年银行开张之间的 6 个月中，她的积蓄已所剩无几。

朋友们借钱给她度日。她笑着说："还好，我的账单不多。不过我还是已经找好了我的通风口，你见过街上那些无家可归的人吧？他们躺在通风口上面取暖，免得受冻。我给自己找的通风口就在我选的银行行址的前面。"她筹到了 600 万美元，她赶上了最后的期限，她用自己的名誉和清偿能力来冒险。

银行业管理机构终于同意签署特许状。但是下一步得拿到联邦储蓄保险公司的保险，没有这个保险，银行一样办不成。可保险就是办不下来。她在电话里说："我已经雇了人，我们的办公室也选好并装修好了，我们就等着开业了，如果你们不给我们上保险，我会告诉 3000 个股东，他们应该亲自到你们的办公室去，去拿他们的保险。"

这一招真管用。他们用了联邦快递的速度来办理这事。她笑了起来，说："我猜他们可能想像得出，如果 3000 个黑人都跑到他们的办公室去要保险，那会是什么样的情景。"

1992 年 3 月 23 日，联合银行正式开业了。查普佩埃回忆说，杰克逊做了精彩的讲话，州长来了，爱德华？瑞德尔市长来了，市议会的议员来了，各界名流都来了。最后，还有银行的真正的荣誉嘉宾———那些用他们的金钱撑起了查普佩埃的梦想的小投资者们。

从那以后，荣誉纷至沓来。她拥有了法律、民法和人文方面的荣誉学位。1999 年，美国商会授予她威望甚高的 BlueChip 企业奖，此项奖是表彰那些面对困难勇往直前的企业界人士。

查普佩埃对摇摆不定的人的忠告简短且直截了当：相信自己，坚持不懈，意志坚定地完成你的目标。

（佚名）

两个人的钥匙

那一瞬间，一切琐碎的烦恼显得好笑，而真正的爱情并没有远离他们。第二天，比尔郑重地向莎莲娜请求：婚后的恋爱开始了，我能再一次请你出去吃饭吗？

莎莲娜是美国加州大学的最年轻的讲师，比尔是加州一位年轻有为的律师，新婚还不到一年的他们，已经开始感受到了爱情被婚姻包围住以后的枯燥和无奈。但是，他们都还记得他们浪漫的新婚之夜。

他们是第一批报名在加州大酒店举行的新创意集体婚礼的，在集体婚礼的舞会上，比尔和莎莲娜的舞蹈得到了很多赞美和祝福。那天晚上，当他们要回他们的新婚房间时，主持婚礼的司仪给了他们每人一把钥匙，这让他们莫名其妙。晚上，当比尔和莎莲娜一起回到属于他们的新房时，发现那个用两颗心叠在一起的锁好别致呀，他掏出自己的钥匙插在左面的锁孔里，门锁不动，插在右面，也不行。比尔让莎莲娜试一下也不行，还是莎莲娜聪明些，说两个人一起来。于是，比尔把自己的钥匙又插进去，他看了看莎莲娜的眼睛，两人同时转动钥匙，门开了。在房间里等待着的蜡烛、浪漫的音乐，还有几个时尚杂志的记者，他们把陶醉在爱情中的比尔和莎莲娜拍摄成了明星一样的人物，还登上了杂志封面。

婚后的日子一直被这种快乐和浪漫包围着，他们都认真地经营着自己的感情，培养着爱情的土壤和花朵。然后，时间会把一切东西的香味逐渐淡去，渐渐地他们有了争吵，迟到的雨具和被淋病了的莎莲娜，偶尔放错调料的咖啡和比尔的愤怒，渐渐地，比尔开始嫌弃莎莲娜不懂得爱情的细节，不懂得在他的咖啡里多加些方糖，而莎莲娜也发现比尔一直不注意她新更换的一套裙子，她还发现比尔开始有说话不自然的电话，甚至有时候借口工作加班不回家吃晚饭。直到比尔提出了分居。

莎莲娜实在忍受不了这种有隔阂的生活，同意了比尔的要求。在收拾她自己的东西的时候，她发现了她的钥匙，不是钥匙，是一个像钥匙一样的纪念品。原来是他们新婚之夜酒店送给他们用玉石打制的两把钥匙的纪念品，酒店里给它起的名字叫"幸福钥匙"，拥有者可以凭这一对钥匙免费消费一个晚上。莎莲娜忽然想到了一个主意。

比尔也不知道莎莲娜为什么心血来潮非要去加州大酒店里住一个晚上然后才同意分居。他们又一次被分配到了新婚之房，不知怎的当比尔把钥匙插进锁孔，看了一眼莎莲娜的时候，他一下子好像回到了一年前，那一双柔柔的眼睛里不是满是关心吗？一二三，门开了！令比尔意外的是和他们新婚时一样的设计，蜡烛和音乐。那一瞬间，一切琐碎的烦恼显得好笑，而真正的爱情并没有远离他们。第二天，比尔郑重地向莎莲娜请求：婚后的恋爱开始了，我能再一次请你出去吃饭吗？

看着比尔姿势，莎莲娜一下子笑出了声，幸福原来是这样的让人猝不及防。

（佚名）

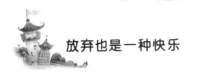

时间纽扣

　　人生无法跳跃前行，但人生的每一步要怎样走，以什么样的速度走，走的质量如何都在每个人自己的掌控之中。

　　从前，有个年轻的农夫和情人相约在一棵大树下见面。他性子急，很早就来了。虽然春光明媚，鲜花烂漫，但他急躁不安，无心观赏，颓丧地坐在大树下长吁短叹。

　　忽然他面前出现了一个小精灵。"你等得不耐烦了吧！"精灵说，"把这个纽扣缝在衣服上吧。要是遇上不想等待的时候，向右旋转一下纽扣，你想跳过多长时间都行。"

　　小伙子高兴得不得了，握着纽扣，轻轻地转了一下。啊！真是奇妙！情人出现在他的眼前，正脉脉含情地凝望着他呢！要是现在就举行婚礼该有多棒啊！他心里暗暗地想着。他又转了一下，隆重的婚礼、丰盛的酒席出现在他的面前；美若天仙的新娘依偎着他；乐队奏响着欢快的音乐，他深深地陶醉其中。他看着美丽的新娘，又想，如果现在只有我们俩该多好！不知不觉中纽扣又转动了一点，立刻夜阑人静……

　　他心中的愿望层出不穷，我还要一所大房子，前面是我自己的花园和果园。他转动着纽扣，我还要一大群可爱的孩子。顿时，一群活泼健康的孩子在宽敞的客厅里愉快地玩耍。他又迫不及待地将纽扣向右转了一大半。

　　时光如梭，还没有看到花园里开放的鲜花和果园里累累的果实，一切就被茫茫的大雪覆盖了。再看看自己，须发皆白，早已经老态龙钟了。

　　他懊悔不已：我情愿一步步走完一生，也不要这样匆匆而过，还是让我耐心等待吧！扣子猛地向左动了，他又在那棵大树下等着可爱的情人。他的焦躁烟消云散了，心平气和地看着蔚蓝的天空，鸟叫声是如此悦耳，草丛里的甲虫是那么可爱。原来，人生不能跳跃着前行，耐心等待才能让生命的历程充满乐趣。

（佚名）

米老鼠的诞生

　　只有超越自我的人才会创造出一个又一个的辉煌。你的每一次成功都是一个新的起点。

　　有一位孤独的年轻画家，除了理想，他一无所有。为了理想，他毅然远行。起初他到堪萨斯城的一家报社应聘，那里的良好氛围正是他所需要的，但主编看了他的作品后认为缺乏新意而不予录用，他品尝到了失败的滋味。

　　后来，他替教堂作画。由于报酬低，他无力租用画室，只好借用一家废弃的车库。一天，疲倦的画家在昏黄的灯光下看见一对亮晶晶的小眼睛，是一只小老鼠。他微笑着注视着它，而它却像影子一样溜了。后来小老鼠又一次次出现。他从来没有伤害过它，甚至连吓唬都没有。

　　它在地板上做多种运动，表演杂技，而他就奖它一点儿面包屑。渐渐地，他们互相信任，彼此建立了友谊。

　　不久，年轻的画家被介绍到好莱坞去制作一部以动物为主的卡通片。这可是个难得的机会，但他再次失败了。

　　在黑夜里，他苦苦思索自己的出路，甚至开始怀疑自己的天赋。就在这时候，他突然想起车库里的那只小老鼠，灵感在暗夜里闪出一道光芒。他迅速画出了一只老鼠的轮廓。有史以来最伟大的卡通形象——米老鼠诞生了，沃尔特·迪斯尼也因此名扬四海。

　　探索、创新改变了整个世界，所以我们说人类在进步，倘若没有创新，我们充其量也只是猴子而已！科学的发现，人类的进步，来源于人类对自然的舍身探索。进步的动力，是创新的结果。

（佚名）

热心的孩子

正是因为松下对工作充满热情，所以，他后来建立了令世人瞩目的松下帝国，自己也在愉快的工作中，享受到充实的人生。

松下幸之助 13 岁在一家名为五代的自行车店当学徒的时候，他一直想独立卖成一辆自行车，可是，当时自行车是百元上下的高价商品，相当于今日的汽车，即使有人想买，也轮不到松下这样的小徒弟一人去销售，顶多是让松下跟着伙计们送车去罢了。

很幸运，有一天，一位客户的伙计打电话来："送自行车给我们看看吧。我们老板在，现在赶快送来!"刚好其他伙计不在，松下的老板对他说："对方很急的样子，无论如何，你先把这个送过去吧。"松下听了，认为好机会来了，精神百倍地把自行车送到客户那里去。松下虽然不是经销老手，却很认真地游说。

那时因为松下只有13岁，人家把他当作可爱的小孩。老板看他拼命说明的模样，摸摸他的头说："你很热心，是个好孩子。好吧，我决定买下来，不过要打九折。"

因为太兴奋了，所以，松下没拒绝就回答说："我回去问老板!"说完就跑回来告诉自己的主人："对方愿意打九折买下来。"

主人却说："打九折怎么行呢? 算九五折好了。"

这时候，松下一心一意想第一次独力成交，很不愿意再跑一次去说九五折。他竟对主人说："请不要说九五折，就以九折卖给他吧。"说着哭出来了。

主人感到很意外："你到底是哪方的店员呢? 你怎么了?"

松下哭个不停。过了一会儿，对方的伙计到店里："怎么等了这么久呢? 还是不肯减价吗?"

主人说："这个孩子回来叫我打九折卖给你们，说着就哭出来了。我现在正在问他，到底是谁家的店员呢。"

伙计听了，好像被松下的热心和纯情感动了，立刻回去告诉他的老板。

那位老板说："他是一个可爱的学徒。看在他的份上，就按照九五折买下来。"就这样，终于成交了。这就是松下第一次成功销售自行车的例子。

那位老板甚至对松下说："只要你在五代，这期间我们买自行车，一定向五代买。"

正是因为松下对工作充满热情，所以，他后来建立了令世人瞩目的松下帝国，自己也在愉快的工作中，享受到充实的人生。

（佚名）

快乐的处方

王子按照这一处方，每天做一件好事，当他看见别人微笑着向他道谢时，他开心极了。很快，他就成了全国最快乐的人。

从前有个国王，他的国家非常富有，百姓安居乐业，边境也平安无事。按理说，这个国王应该感到很满足了，他什么都有了。可是，他却有块心病时时悬在心头：没有儿子。没有儿子也就意味着他的国家后继无人，眼看着自己的年纪越来越大，该怎么办呢？国王很焦急，每天都虔诚地祈祷上苍赐予他一个儿子。

也许是国王的诚心感动了天地，两年后，王后怀孕了。过了 10 个月，一个胖嘟嘟的小王子诞生了。国王高兴极了，号令普天同庆，大宴宾客。

从小到大，国王一直都想方设法满足儿子的一切要求。可即使这样，小王子也总是整天眉头紧锁，郁郁寡欢。于是国王便贴出皇榜，悬赏寻找能给儿子带来快乐的高人。

有一天，一个大魔术师来到王宫，对国王说："尊敬的陛下，我有办法让王子快乐。"

国王欣喜地对他说："如果你能让王子快乐，我可以答应你的一切要求。"

魔术师说："我什么也不要，我很高兴能为您效劳。但是，请让我和王

子殿下单独待一会儿。"

国王答应了。于是，魔术师把王子带入一间密室中，用一种白色的东西在一张纸上写了些什么交给王子，让他走入一间暗室，然后燃起蜡烛，注视着纸上的一切变化，快乐的处方就会在纸上显现出来。

王子遵照魔术师的吩咐而行，当他燃起蜡烛后，在烛光的映照下，他看见那张纸上显出一行美丽的绿色字迹："每天做一件善事！"

王子按照这一处方，每天做一件好事，当他看见别人微笑着向他道谢时，他开心极了。很快，他就成了全国最快乐的人。

（佚名）

命运在你的手中

凡成大业者，'奋斗'的意义就在于用其一生的努力，去争取。"

一次，我去拜会一位事业上颇有成就的朋友，
闲聊中谈起了命运。
我问："这个世界到底有没有命运？"
他说："当然有啊。"
我再问："命运究竟是怎么回事？既然命中注定，那奋斗又有什么用？"
他没有直接回答我的问题，但笑着抓起我的左手，说不妨先看看我的手相，帮我算算命。他给我讲了一通生命线、爱情线、事业线等诸如此类的话之后，突然，他对我说："把手伸好，照我的样子做一个动作。"
他的动作就是：举起左手，慢慢地且越来越紧地握起拳头。末了，他问："握紧了没有？"
我有些迷惑，答道："握紧了。"
他又问："那些命运线在哪里？"
我机械地回答："在我的手里呀。"

他再追问："请问，命运在哪里？"

我如当头棒喝，恍然大悟：命运在自己的手里！

他很平静地继续说道："不管别人怎么跟你说，不管'算命先生们'如何给你算，记住，命运在自己的手里，而不是在别人的嘴里！这就是命运。

当然，你再看看你自己的拳头，你还会发现你的生命线有一部分还留在外面，没有被握住，它又能给我们什么启示？命运绝大部分掌握在自己手里，但还有一部分掌握在'上天'的手里。

古往今来，凡成大业者，'奋斗'的意义就在于用其一生的努力，去争取。"

灵　感

在生活中，许多人将成功的目标定得非常高，但又不愿意从小事做起，一心只盼望能够一步登天，最终却是难以有所成就。

一个默默无闻的年轻画家，觉得自己的作品十分优秀，但是一直没有找到合适的机会向大众展示。毕竟在巴黎街头，像他这样的画家实在太多了。

于是，一气之下，他倾尽了所有家产，又向朋友借了一些钱，在艺术街里开办了一间画廊，专门展示自己的作品。他以为这么一来，自己的作品很快就能有很高的知名度，为自己赢得显赫的名声和大量的财富。

但是哪里知道，等他在艺术街一个不显眼的角落（租金已经高到了他能够承受的极限）开办了这间画廊之后，他才发现了一个残酷的事实，原来在艺术街上已经有了太多的画廊，除了十几家装饰特别华丽的知名画廊外，像他这种小画廊根本没有什么人进门，更不用说吸引投资人了。

就这样，在苦苦守望了几个月后，他只能无奈地决定关闭这间曾经寄予了无限希望，但仍然门庭冷落的画廊。一天，他坐在街道上唯一的咖啡馆里，望着周围热闹的客人，自己苦闷地喝着咖啡。突然，一个灵感涌进了他的脑海之中。

也许，开一间这样的咖啡馆，生意应该不错。但自己的作品呢？他凝视着这家咖啡馆墙壁上几幅陈旧庸俗的画，思路就更加清晰了。

对！就这样做！他一拍大腿，起身回家。到了家就重新忙碌起来。

一个星期后，在这条长长的艺术街上，并没有什么大事发生，但人们行走的方式发生了变化，因为在街道一个的角落里，又出现了一间小小的咖啡馆。

虽然位置并不显眼，但咖啡的香气足以吸引每一个路人，让他们在畅游艺术殿堂之后，到这里休息片刻。而且，进到里面，竟然发现墙壁上挂满了一些颇有新意的作品。

就这样，他的咖啡馆前门庭若市，其中更有不少投资人。终于，一天中午，有人问起这些作品的来历。当对方知道它们出自面前这个在咖啡馆里跑堂的老板时，敬意油然而生。几个月过后，他的作品终于推广出去了，而那间小小的咖啡屋，或者说那间不同凡响的画廊已经在街上名声显赫了。

选定方向

一个人无论他现在多大年龄，他真正的人生之旅，是从设定目标的那一天开始的，只有设定了目标，人生才有了真实的意义。

比塞尔是西撒哈拉沙漠中的一颗明珠，每年有数以万计的旅游者来到这儿。可是在肯·莱文发现它之前，这里还是一个封闭而落后的地方。

这儿的人没有一个走出过大漠，据说不是他们不愿离开这块贫瘠的土地，而是尝试过很多次都没有走出去。

肯·莱文当然不相信这种说法。他用手语向这儿的人问原因，结果每个人的回答都一样：从这儿无论向哪个方向走，最后还是转回到出发的地方。

为了证实这种说法，他做了一次试验，从比塞尔村向北走，结果三天半就走了出来。比塞尔人为什么走不出来呢？肯·莱文非常纳闷，最后他只得雇一个比塞尔人，让他带路，看看到底是为什么？他们带了半个月的水，牵了两峰骆驼，肯·莱文收起指南针等现代设备，只挂一根木棍跟在后面。10 天过去了，他们走了大约 800 英里的路程，第 11 天的早晨，他们果然又回到了比塞尔。

这一次肯·莱文终于明白了，比塞尔人之所以走不出大漠，是因为他们根本就不认识北斗星。

在一望无际的沙漠里，一个人如果凭着感觉往前走，他会走出许多大小不一的圆圈，最后的足迹十有八九是一把卷尺的形状。比塞尔村处在浩瀚的沙漠中间，方圆上千公里没有一点儿参照物，若不认识北斗星又没有指南针，想走出沙漠，确实是不可能的。

肯·莱文在离开比塞尔时，带了一位叫阿古特尔的青年，就是上次和他合作的人。他告诉这位汉子，只要你白天休息，夜晚朝着北面那颗星走，就能走出沙漠。

阿古特尔照着去做了，3天之后果然来到了大漠的边缘。阿古特尔因此成为比塞尔的开拓者，他的铜像被竖在小城的中央。铜像的底座上刻着一行字："新生活是从选定方向开始的。"

（佚名）

黑暗王国的光明天使

许多人都乐于花许多时间去幻想他们的希望哪一天能够实现。可是，又有多少人采取了步骤去弄清他们的真实情况呢？

斯托瓦尔7岁时视力就开始逐渐减退，在他16岁生日的时候，他坚持他应该像其他同龄的孩子一样自己开车，他不愿参加驾驶培训，因为估计教练会注意到他的缺陷。所以，他直接到机动车管理所去接受体检和笔试。到了读视力测试表的时候，他注意听前排的人怎样回答问题，轮到他时，他一一照着回答，于是他过了关。

他不顾父母的反对，用整个夏天所挣的工资买了他的第一辆小车。可他第一次开车时就撞上了一辆警车，这次意外事故标志着他的开车生涯在开始时就已结束了。因为视力问题，他不能进入他喜爱的足球队，他转向了举重，因为他的个子和体能都远胜于视力。他努力训练，一步步地成为全国举重冠军。

在大学里他也投入了同样的努力，虽有一些小错，但最终得以以优异的成绩毕业，并同一位年轻漂亮的女子克莉西特尔结婚。但是，在一个早晨，突然之间，不幸的事发生了：斯托瓦尔一觉醒来，睁开眼睛，眼前除了一片黑暗，什么也没有看见，他完全瞎了。

为了打发时间，他开始放他收集的录像带，但接着他开始感到愤怒了，他放进一盒他以前看过很多次的录像带。可即使是最熟悉的影片，影片的声音也难以提供足够的信息让他跟得上屏幕上情节的发展。

他参加了一个帮助盲人和视力受到损伤者的团体，在那里他遇到了一个视力不佳的律师助理凯茜？哈泼，他们一见如故，于是斯托瓦尔告诉了她他看影片时所受到的挫折。两人开始讨论各种能为盲人提供增加声频的电影和其他节目的商业服务。

他们建立了"讲述电视网络"，以斯托瓦尔为总裁，哈泼为合伙人，然后，他们寻找到一些成功影片的制片商，并得到他们的允许由"讲述电视网络"加上叙述。他们两人试着生产一种录像磁带的样品，他们认为观众一定会需要。

他们通过给制造商打电话得到了一套电子设备。他们解释说有一个新的主意——帮助盲人看电视。到后来，一个制造商答应免费借给他们一套电子设备。他俩终于给7种节目制作了讲述磁带。然后他们想将磁带送交给一家专业的广播室，希望人家能帮助他们把新的讲述和原来的声音轨迹合并在一起。

斯托瓦尔与一个他相信拥有这个地区最好的录音设备的经理联系，问他能否见一见他们的总工程师，他解释说，他和哈泼需要一个"真正的专家"工程师，因为"讲述电视网络"以前从未有人尝试过。

"可以。"那个经理说，"过来吧。"哈泼同斯托瓦尔就去了，带着他们自己的"工作室"里的全套东西——磁带、电线、录音机器——装了满满一大箱子。他们向经理和工程师阐述了他们的想法。

工程师说，"我在这个行业搞了21年，我见过不少事，也干过不少事，我可以肯定地告诉你，你要做的事情不会成功。"工程师甚至没有兴趣揭开"讲述电视网络"的箱盖。

斯托瓦尔失望了，但他不愿让事情就这样结束，他保持着镇静，转向广播室的头儿说："请原谅，您有没有其他人能同我们谈一谈？"结果有一个人说："我们可以把电线接上，看能否做出点什么来。"

一个画面又一个画面，一句解说又一句解说，两个声音轨迹天衣无缝地结合在一起——正如"讲述电视网络"的两位创始人所希望的。6个月之后，哈泼和斯托瓦尔因为"拓宽了电视的范围"，由电视艺术与科学学会授予了埃米金像奖（美国电视的最高奖项）。

　　为了说服电视台传送"讲述电视网络"的节目，斯托瓦尔得制作两小时一段的节目，可是"讲述电视网络"的电影放送时间通常只有一个半小时，怎样填补这半小时的空白呢？

　　斯托瓦尔想了一个不错的主意，制作和主持一个15分钟的谈话节目，可以加在影片的放映之前和之后。他估计他能够采访那些影片中的某些老牌明星，再加上电视台的名人以及其他的杰出人物。

　　可是，"讲述电视网络"怎样才能采访到那些明星呢？斯托瓦尔和哈泼去公共图书馆找到了一本书《明星通讯录》，他们在其中抄下了凯瑟琳？赫本、杰米？斯图尔特和杰克？雷蒙等人的住址，然后热情地发出信函，要求访问。信中解释：为了一个"难得经历的机会"，明星们应该出现在"讲述电视网络"上，接受盲人主持人的采访。

　　斯托瓦尔收到的第一个回音来自"凯瑟琳·赫本"，信里说，"亲爱的吉姆：如果你拨打这个号码，我们就可以讨论采访了。"后面是凯瑟琳？赫本的亲笔签字。

　　今天，"讲述电视网络"兴旺发达了。它制作的节目通过1300个有线系统和别的渠道传送，遍及北美，进入3500万左右个家庭。令人惊奇的是，"讲述电视网络"60%的观众是视力完好的人群，他们也非常喜欢加有叙述的节目。公司还清了债务，有了赢利，而且享受到一年600万美元的收益。

　　现在的斯托瓦尔每年都要周游世界告诉成千上万的人，他们现在的生活状况是他们自己过去的选择决定的。只要我们做出正确的选择，我们就能做任何我们想做的事，过好我们余生的每一天。

　　当斯托瓦尔几年前在美国最大的一个盲人组织讲演时，他就曾直言不讳地说道："假如你们中的许多人今天奇迹般地重新恢复了视力，你又会为你卑微的生活方式找到别的借口，当你面对不论是失明、酗酒、破产……你立刻想到的是回复到正常状态，回到原先那一点。你必须强迫自己在没有朋友帮助的情况下，单独去冒更大的痛苦、不测和困窘之险。

　　要想真正从挫折中恢复过来，斯托瓦尔认为首先要做的是进行严格的自我评价：你是谁？你在何处，以之与"你想要在何处"相比较。

他说："要想到达你想去的地方，最关键的是了解你现在在何处。"千千万万的人们都想拥有一定的银行存款，想保持一定的体重，或者想实现任何别的目标，他说，许多人都乐于花许多时间去幻想他们的希望哪一天能够实现。可是，又有多少人采取了步骤去弄清他们的真实情况呢？

"想一想在你的个人和职业生涯中你想要的全部东西，"斯托瓦尔说，"然后考虑一下你目前的处境，你或许会发现，你比你预料的更接近它们。可是，无论如何，你必须朝着正确的方向踏出第一步，而且，你必须少做飘渺的梦，设立一个实际的目标。"

斯托瓦尔相信，只要明了他们的核心目标，任何人都能获得成功。"如果你不能在20秒内向完全陌生的人解释清楚你的生活目标是什么，那说明你自己的头脑里也没有一个清晰的概念。"

构想出个人的目标对获得成功是有帮助的。斯托瓦尔自己的使命是什么呢？他说他的祖母有一次说出了他想说的话："我的孙子帮助盲人看电视，而且他跑遍世界各地告诉人们，他们的生活中有许多美好的东西。"

（佚名）

女人的坚贞

生活中没有了爱，再珍贵的东西也会变得一文不值。因为在这个世界上，唯有真爱无价。

这个感人的故事发生在中世纪的德国。

1141年，巴伐利亚公爵沃尔夫被康纳德国王的军队困在了自己的温斯堡中。这次围攻已经历时数月，沃尔夫知道胜利无望，便决定向康纳德国王投降，用自己以及军官们的性命来保全广大子民的性命。

康纳德国王是一位十分慷慨而仁慈的国王，他对沃尔夫提出的投降条款一一应允。很快，沃尔夫与康纳德国王就达成了共识。

温斯堡里的女人们却没有打算放弃一切。她们向康纳德国王请求，希望国王能够许诺保证温斯堡内所有女人的安全，并允许她们离开时带走她们双手能够带走的所有珍贵的东西。康纳德国王同意了她们的请求。

温斯堡打开城门的那天，城堡里的女人们如水一般涌了出来，她们的腰弯得低低的，十分艰难地背负着她们心目中最珍贵的东西。让康纳德人吃惊的是，女人们背负的不是金子，更不是珠宝，而是她们的男人。温斯堡的女人们要救出自己的男人，她们不能眼睁睁地让自己的男人们遭受康纳德胜利之师的报复和残害。

望着那些被男人们压得不堪重负的女人们，康纳德国王留下了眼泪。他当即宣布，女人们的丈夫是安全的、自由的，康纳德的军队绝对不会残害温斯堡内的男人。不仅如此，康纳德国王还邀请所有人参加宴会，当场就与巴伐利亚公爵沃尔夫签订了和平条约，

后来，温斯堡被更名为韦博图山。韦博图山的意思就是女人的坚贞。韦博图山的女人们正是用她们无价的爱，挽救了丈夫们的生命，也彰显了韦博图山女人们的坚贞。

（佚名）

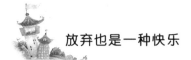

三个人的愿望

不值得后世纪念的，时间会把它冲走，而凡属伟大的，时间则把它们凝固起来，永垂不朽。"

一个城郊的居民区住着三户人家，他们的平房紧紧相邻着，三个男人都从农村被招工进了一家炼铁厂。

厂里工作辛苦，工资又不高。下班了，三个人都有自己的活儿。一个到城里去蹬三轮车，一个在街边摆了一个修车摊，还有一个在家里看书，写点儿文字。

蹬三轮车的人钱赚得最多，高过工资。修车的也不错，能对付柴米油盐的开支。看书写字的那位虽没有收入，但也活得从容。

有一天，三个人说起自己的愿望。

蹬三轮车的人说，我以后天天有车蹬就很满足了。修车的人说，我希望有一天能在城里开一间修车铺。喜欢看书写东西的那个人想了很久才说，我以后要离开炼铁厂，我想靠我的文字吃饭。其他两位当然都不信。

5 年过去了，他们还是过着同样的生活。

10 年后，修车的那位真的在城里开了一家修车铺，自己当起了老板。蹬三轮车的那位还是下班了去城里蹬车。15 年后，看书写字的那位发表的一些作品，在地区引起了不少关注。20 年后，他的作品被一家出版社看中，调到省城当了编辑。

"逝者如斯夫，不舍昼夜！"我们每天撕一张日历，日历越来越薄，快要撕完的时候便不免吃惊，吃惊时间为什么会这样快。假使我们把几十年的日历装成合订本，那便象征我们的全部的生命，我们一页一页往下扯，该是什么滋味呢？

哲人伏尔泰问："世界上，什么东西是最长而又是最短的；最快的而又是最慢的；最能分割的又是最广大的；最不受重视的又是最受惋惜的：没有它，什么事情都做不成；它使一切渺小的东西归于消灭，使一切伟大的东西生命不绝？"

智者查帝格回答："世界上最长的东西莫过于时间，因为它永无穷尽；最短的东西也莫于过时间，因为人们所有的计划都来不及完成；在等待着的人看来，时间是最慢的；在作乐的人看来，时间是最快的；时间可以扩展到无穷大，也可以分割到无穷小；当时谁都不重视，过后谁都表示惋惜；没有时间，什么事都做不成；不值得后世纪念的，时间会把它冲走，而凡属伟大的，时间则把它们凝固起来，永垂不朽。"

（佚名）

珍惜拥有的一切

　　我在自己的洗手间里写上了一句话，每天早上刮胡子的时候都念它一遍：我闷闷不乐，因为我少了一双鞋，直到我在街上，见到有人缺了两条腿。

国内一所著名的大学，邀请一位教授去那里为学生们做关于增强学生自信的演讲。这位教授曾经身无分文，甚至想到过自杀，但是现在他成了著名的讲师。他给学生们讲了一件影响他一生的事情。

"我曾经是一个多愁善感的人，而且对周围的一切人和事物都很悲观。"他说道，"但是，一个初春的上午，当我走过著名的果戈理大街时，我的生命就在那时发生了转折。"也就是十几秒的工夫，让我对生命的意义有了全新的诠释，比我这十几年来得到的还要多。两年前，我在这个城市开了一家杂货店，由于我不善经营，不仅赔光了所有的积蓄还欠了银行很多债务，估计十年才能偿还得完。我几乎绝望了，周末我刚刚结束了店铺的营业，准备去银行贷点款作为日常的费用，关了杂货店，然后出去找一份工作。这时候我已经对生活完全是失去了信心和斗志，根本就是在混日子，仿佛在期盼死亡的降临。

　　"突然，我看到一个人从对面的街口走过来，不能说是走，那个人没有双腿，坐在一块安着溜冰鞋滑轮的小木板上，两只手用木棍撑着向前艰难的一步步地挪动。他过了马路，经过我面前，就在那几秒钟，我们的目光相遇了，我想自己此刻一定狼狈极了。那个人居然冲我微微一笑，很有精神地向我打招呼：'早上好，先生，今天的天气真好啊！'我望着他，有一瞬间几乎停止了呼吸。我突然体会到自己是何等的富有。我的双腿健康，可以自由行走，可以随意去任何地方，做我喜欢的事情。我为什么还要在这里怨天尤人？这个人缺了双腿仍能快乐自信地生活，我这个四肢健全的人难道还不能吗？我挺了挺胸膛。结果我很顺利地贷到了款，还找到了一份不错的工作。如今我用自己赚来的钱又盘下了我那个杂货店，并把它经营得红红火火。

　　"现在，我最大的爱好就是在业余时间为需要帮助的人上课，让他们时刻充满自信。我在自己的洗手间里写上了一句话，每天早上刮胡子的时候都念它一遍：我闷闷不乐，因为我少了一双鞋，直到我在街上，见到有人缺了两条腿。"

（佚名）

助人是不能要报酬的

人世间这种互帮互助的真情，是用再多的金钱也买不到的。

　　一辆高级轿车停在路边，车旁站着一位身穿名牌西装的男人，样子十分焦急。人们不知道发生了什么事情，纷纷围了上去看热闹。

"谁能帮我爬进车底拧一下螺丝?"男人大声地问道。

原来,他的车油路出了问题,漏出来的油已经淌到了车身外。如果任凭汽油这样漏下去,过不了多久车子就没油了。而这里,距离最近的加油站也有上百公里。

"你着急什么?"车子里一个妖艳的女子探出了脑袋,"重赏之下,必有勇夫!"女子说完掏出了一张百元大钞递给男人。

"谁帮我拧紧,这钱就是他的了!"男人接过钞票,在手里扬了扬。

众人你看看我,我看看你,谁都没有动。

男人更加焦急起来。他实在不舍得自己那身名牌西装。

"让我来吧!"说话间,一个小男孩走了过去。

"孩子,别信他的话!这些有钱人,说话向来靠不住!"人群中有人提醒道。

男孩并没有理会,毫不犹豫地爬进了车底。操作很简单,小孩在男人的指挥下不到一分钟就拧好了。

很快,男孩爬出了车子,站在男人面前期待地望着他。

男人明白男孩的意思,连忙伸出手打算把那张百元大钞送给男孩。

"哎!你还真打算给他100元啊?给他5块钱足够了!"车里的女人见状,立即喝住了男人。随后,女人又从钱包里掏出5块钱,递给了男人。

男人接过零钱递给男孩,可小男孩摇了摇头。

人群中开始议论起来,看来这有钱人的话真的靠不住。刚才还是100元,一分钟不到就变成了5块钱了。

男人也觉得有些不好意思,连忙又加了5块。可是,男孩还是摇头。这下子,男人有些生气了,在他看来,拧个螺丝也就值这个价钱。

"你还嫌少?要不这10块钱我也不给你啦!"男人带着些许威胁的口气说道。

"不,我没有嫌少。我的老师告诉我,帮助别人是不能要报酬的。"男孩一脸无辜地说道。

"那你怎么还不走?"男人反问。

"因为我在等你说谢谢!"男孩纯真的笑容在阳光下竟然显得那样的温暖。

男人以及所有围观的人听了这话,都惭愧地低下了头。

(佚名)

冷漠的代价

让这个世界多分一些关怀，给角落中受伤的灵魂多分一点爱，
让那些陌生的面孔将冷漠变成爱，世界将更温暖！

1935年，一件简简单单的偷窃案正在纽约最贫穷脏乱地区的法庭上审理。当时，·拉瓜地亚刚刚出任纽约市市长。他坐在法庭的角落里，亲眼目睹了这桩偷窃案的审理始末。被指控的嫌疑犯是一位白发苍苍的老妇人。她的脸呈灰绿色，乍一看就知道她的健康状况极其糟糕，患有严重的营养不良。

事情很简单，老妇人在偷窃面包时，被面包店老板当场抓住，并送到了警察局，最终被指控犯了偷窃罪。审判长威严地注视着这个瘦弱的老人，问她是否清白或愿意认罪。

老妇人嗫嚅着回答："是，我承认。我确实偷了面包，因为我家里还有几个饿着肚子的孙子，他们已经两天没有吃到任何东西了。如果我不给他们找点儿东西吃，他们会饿死的。我需要那些面包。"

审判长听完被告的申诉，平静地回答道："尽管如此，我也必须秉公办事，维护法律的尊严，你可以选择10美元的罚款，或是10天的拘役。"

由于案情简单，被告供认不讳，庭审很快就结束了。

就在法官宣布退庭前，一直坐在旁听席上的市长拉瓜地亚站了起来。他脱下了自己的帽子，并放进去10美元，然后转身对着旁听席上的其他人说：

"现在，请在座的每一个人都交出50美分的罚金。我们每一个人都应该为自己的冷漠付费，因为我们生活在这样一个需要白发苍苍的老祖母去偷面包来喂养孙子的城市。"

旁听席上的气氛变得肃穆起来。所有的人都惊讶极了，但是每个人都默默地拿出50美分捐了出来。这场70年前就已经结案的庭审，至今仍然感动人心。

（佚名）

第五辑　有爱就有一切

　　如果说世界是一幅风景，爱心便是一束鲜花。没有鲜花，风景就不会绚丽；没有爱心，世界就容易成为荒凉的土地。诚如梵高所说："爱之花开放的地方，生命便能欣欣向荣。"

　　爱心是一种语言，可以教给你光明和理想；爱心是一盏明灯，足以照亮你前进的方向；爱心是一泓碧波，可以洗涤你心灵的尘埃。

请在泪水中坚强

　　每一颗滑落的流星都代表着一个生命的逝去。生命的降临是一次偶然，生命的逝去也是一种必然。每个人的生命都是自己的，在他们生时我们就不曾拥有，那失去的时候也就不算是失去。

　　人类因为有了生命才变得绚烂多彩。在我们的一生中，最令人心碎的莫过于生离、死别，而后者更让人心痛，即使分离，至少我们还知道你活着，哪怕远在千里之外。然而面对逝去的生命，我们很难坚强的面对，泪水和颓废很可能久久围绕在我们周围，盘旋不去。

　　在丹麦的乡村里，有一位母亲带着女儿，两个人相依为命。生活的艰难并没有压倒她，一碗红薯粥也能让这对母女的笑声充满这个四面徒壁的小屋。然而不幸总是在穷人中间降临。她的女儿因为感冒得了一场肺病，几天的狂咳和虚弱的喘息后，永远地离开了这个世界。牧师为她做了临终祷告，愿我们的小天使在天堂快乐的生活，愿她的笑脸永远在我们的心中绽放。待亲戚朋友们都散了以后，这位母亲彻底的崩溃了，她连烛火都不愿意点起，在黑暗中哭泣那早逝的生命。她不吃不喝，田里的麦苗都荒芜了，可她什么都不想做，终日以泪洗面，对生活完全失去了希望，甚至不愿意再一个人活下去了。

　　有一天晚上，她做了一个奇怪的梦，她梦见自己到了天堂。那里一片圣洁、洁白的景象，牧师在那里用世界上最柔和的声调轻轻的念着赞美诗，所有的人都穿着白色的衣服，肃穆、庄严。在他们的脸上你看不到悲哀和遗憾，只有恬静的笑容和超脱一切的解脱。在那里她看到所有的孩子都带着天使的翅膀，手捧蜡烛为自己在人世间的亲人和朋友祈祷。这时她发现行列中有一位小女孩手中的蜡烛并没有燃起。

　　于是她跑向这位小女孩，当她走近以后，发现那竟是她的女儿。她问女儿：亲爱的宝贝，为什么只有你的蜡烛是熄灭的呢？女儿说：妈妈，他们把我手中的蜡烛点燃，但你的眼泪却使它一直熄灭。她很难过：可是妈妈爱你啊，妈妈余下的日子不能没有你。女儿伸出小手：妈妈，我已经上了天堂，

194

你的哭泣并不能使我复生，反而让我在天堂不能为你祈祷。妈妈，看到你的泪水我是多么的难过。这位妈妈才恍然明白了，她的眼泪并不能换来女儿的重生，女儿在天堂看到她的一蹶不振，时刻感到伤心和难过。

母亲醒来了，梦中的情景好像还在眼前。她决定了，不能让女儿为自己难过。她重新振作起来，用自己的爱心去帮助村子里的每一个人，用自己博大的胸怀去爱每一个孩子。她成了全村孩子的圣母，她的小屋里每天都充满了欢声笑语，她也快乐起来了。每到夜深人静的时候，她仿佛都能看到女儿正在天堂对着她微笑呢。

老人们说，每一颗滑落的流星都代表着一个生命的逝去。生命的降临是一次偶然，生命的逝去也是一种必然。每个人的生命都是自己的，在他们生时我们就不曾拥有，那失去的时候也就不算是失去。

（佚名）

用信念战胜风暴

我相信，它一定会漂回到西班牙去，这是我的信念。我可以牺牲生命，却绝对不乏辜负生命里应该坚持的信念。

1492 年 8 月，伟大的航海家哥伦布发现西印度群岛。1493 年 3 月，他率领着"圣玛丽号"，从海地岛海域朝着西班牙胜利返航。那时正值炎夏，启航当天早上，"圣玛丽号"甲板上，一群历经无数劫难的船员正在默默地祈祷着："上帝呀！请让这和煦的阳光，一路陪伴我们返回西班牙吧！"

但是，上帝似乎没有听见他们的祈祷，因为船刚进入恐怖的百慕大三角不久，天气就骤然变化，天空乌云密布，不时传来闪电与雷鸣，巨大的风暴似乎正从远方朝着船队扑来。

这时，哥伦布意识到，也许这次真的要船毁人亡，葬身大海了。可是，他明白自己还有一个使命没有完成，那就是：必须把自己一路辛苦收集的资料留给后人。

于是，他立即钻进船舱里。在剧烈摇晃的船舱里，他迅速将最珍贵的资料缩写在纸上，然后塞进一个玻璃瓶里，用蜡密封后，再将玻璃瓶抛进了波涛汹涌的大海中。

哥伦布这时才如释重负地对船员们说：" "也许是一年，也许是两年，也许要好几个世纪之后，这个资料才会被人们发现。但是，我相信，它一定会漂回到西班牙去，这是我的信念。我可以牺牲生命，却绝对不乏辜负生命里应该坚持的信念。"

幸运的是，哥伦布和大部分船员在这次风暴中死里逃生了。至于那个玻璃瓶，也正如哥伦布所预料的，在 1856 年，随着海水漂流到西班牙的比斯开湾。

唯有坚强的信念，才能激发生命的热情与对梦想的坚持。不论是在航向新大陆的途中，还是在返回西班牙的航路上，哥伦布的信念是信仰所产生的力量，也是他自我激励之下的支持力，正因为那份无法撼动的信念，奇迹自然而然地发生了。

每个人都需要有一个坚固的信念。当这个信念转化为动力时，也正是我们实现目标的重要时刻。

（佚名）

多垫些砖头

一个有理想的人只要不辞辛苦，默默地在自己脚下多垫些"砖头"，就一定能够看到自己渴望看到的风景，摘到挂在高处的那些诱人的果实。

大学刚毕业那会儿，峰被分配到一个偏远的林区小镇当教师，工资低得可怜。其实峰有着不少优势，教学基本功不错，还擅长写作。于是，峰一边抱怨命运不公，一边羡慕那些拥有一份体面的工作、拿一份优厚的薪水的同窗。

这样一来，他不仅对工作没了热情，而且连写作也没了兴趣。峰整天琢磨着"跳槽"，幻想能有机会调换一个好的工作环境，也拿一份优厚的报酬。

　　就这样两年时间匆匆过去了，峰的本职工作干得一塌糊涂，写作上也没有什么收获。这期间，峰试着联系了几个自己喜欢的单位，但最终没有一个接纳他。

　　然而，后来发生的一件微不足道的小事，改变了峰一直想改变的命运。

　　那天学校开运动会，这在文化活动极其贫乏的小镇，无疑是件大事，因而前来观看的人特别多。小小的操场四周很快围出一道密不透风的环形人墙。

　　峰来晚了，站在人墙后面，踮起脚也看不到里面热闹的情景。这时，身旁一个很矮的小男孩吸引了峰的视线。只见他一趟趟地从不远处搬来砖头，在那厚厚的人墙后面，耐心地垒着一个台子，一层又一层，足有半米高。峰不知道他垒这个台子花了多长时间，但他登上那个自己垒起的台子时，冲峰粲然一笑，那是成功的喜悦。

　　刹那间，峰的心被震了一下——多么简单的事情啊：要想越过密密的人墙看到精彩的比赛，只要在脚下多垫些砖头。

　　从此以后，峰满怀激情地投入到工作中去，踏踏实实，一步一个脚印。很快，峰便成了远近闻名的教学能手，编辑的各类教材接连出版，各种令人羡慕的荣誉纷纷落到峰的头上。业余时间，峰笔耕不辍，各类文学作品频繁地见诸报刊，成了多家报刊的特约撰稿人。如今，峰已被调至自己颇喜欢的中专学校任职。

　　其实，一个有理想的人只要不辞辛苦，默默地在自己脚下多垫些"砖头"，就一定能够看到自己渴望看到的风景，摘到挂在高处的那些诱人的果实。

　　　　　　　　　　　　　　　　　　　　　　　　　　　（佚名）

有爱就有一切

爱就是一切，只要有爱，财富和成功也就不远了。

一位善良的妇人走到屋外，看见前院坐着三位长着又长又白胡须看起来经历过舟车劳顿的老人。妇人并不认识他们，但是依然十分友好地对他们说："我看你们很累了，请进来吃点东西吧。"

"你家男主人在吗？"老人们问。

"不在，他出去了。"妇人说，"有什么事情吗？"

"那我们还是等他回来再说吧。"老人们回答说。

傍晚的时候，丈夫回到家里，妇人将事情的经过告诉了他。丈夫立刻请三位老人进了房间。"我们不能一起进去。"老人们说。

"为什么呢？"妇人感到迷惑了。其中一位老人指着他的一位朋友说："他的名字是成功。"然后又指着另外一位说："这位名字叫财富，而我是爱。"接着又补充说："你现在进去和你丈夫商量一下，要我们其中的哪一位到你们的家里。"

妇人进去告诉了丈夫。丈夫非常兴奋地说："我一直渴望成功，却一直没有成功，请成功赶快进来吧！"

"亲爱的，为什么不邀请财富呢？我们的经济一直都不宽裕。"妇人提出意见。

在另一个房间的他们的媳妇听到了他们的谈话，提出自己的意见："我想应该先邀请爱进来。"思考了一下，丈夫对妇人说："就照媳妇的意见吧！"于是，妇人又来到屋外，问道："请问哪位是爱？"爱起身朝屋子走去。另外二者也跟着他一起进入屋内。

妇人惊讶地问财富和成功："我只邀请爱，怎么连你们也一道来了呢？"

三位老者齐声回答："如果你邀请的是财富或成功，另外二人都不会跟进来，而你邀请爱的话，那么无论爱走到哪，我们都会跟随。"

别把梦想带到坟墓

> 每一个明天都是希望。无论陷入怎样的逆境，都不应该绝望，因为前面还有许多个明天。

五官科病房里同时住进来两位病人，都是鼻子不舒服。在等待化验结果期间，甲说，如果是癌，立即去旅行，并首先去拉萨。乙也同样如此表示。结果出来了。甲得的是鼻癌，乙长的是鼻息肉。

甲列了一张告别人生的计划表离开了医院，乙住了下来。

甲的计划表是：去一趟拉萨和敦煌；从攀枝花坐船一直到长江口；到海南的三亚以椰子树为背景拍一张照片；在哈尔滨过一个冬天；从大连坐船到广西的北海，登上天安门；读完莎士比亚的所有作品；力争听一次瞎子阿炳原版的《二泉映月》；写一本书凡此种种，共27条。

他在这张生命的清单后面这么写道：我的一生有很多梦想，有的实现了，有的由于种种原因没有实现。现在上帝给我的时间不多了，为了不留遗憾地离开这个世界，我打算用生命的最后几年去实现剩下的这27个梦。

当年，甲就辞掉了公司的职务，去了拉萨和敦煌。第二年，又以惊人的毅力和韧性通过了成人考试。这期间，他登上过天安门，去了内蒙古大草原，还在一户牧民家里住了一个星期。现在这位朋友正在实现他写一本书的凤愿。

有一天，乙在报上看到甲写的一篇散文，打电话去问甲的病。甲说，我真的无法想象，要不是这场病，我的生命该是多么的糟糕。是它提醒了我，去做自己想做的事，去实现自己想去实现的梦想。现在我才体味到什么是真正的生活和人生。你生活得也挺好吧！乙没有回答。因为在医院时说的去拉萨和敦煌的事，早已因患的不是癌症而放到脑后去了。

在这个世界上，其实每个人都患有一种癌症，那就是不可抗拒的死亡。我们之所以没有像那位患鼻癌的人一样，列出一张生命的清单，抛开一切多

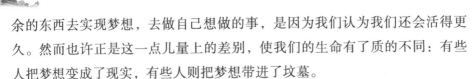

余的东西去实现梦想，去做自己想做的事，是因为我们认为我们还会活得更久。然而也许正是这一点儿量上的差别，使我们的生命有了质的不同：有些人把梦想变成了现实，有些人则把梦想带进了坟墓。

每一个明天都是希望。无论陷入怎样的逆境，都不应该绝望，因为前面还有许多个明天。乐观的人，在绝望中仍然满怀希望；悲观的人，在希望中还是绝望。

（佚名）

在困境中重生

再也没有什么可吃的东西了，他们只好偎依在一起，相互安慰着。但死亡的脚步一刻也没有停止，一分钟一分钟地向他们逼近着。

一支探险队在一处溶洞探险时，发生了山崩，5个人不幸都被困洞中。他们尝试了各种逃生的方法，都失败了。洞外救援工作正在紧张进行，但估计需要7天左右才能打通。而此时他们的干粮和饮水都已用尽，根本无法维持到救援成功的时刻。

饥饿、恐惧、绝望……就像这洞中的无边的黑暗一样团团包围了他们。他们将身边能吃的东西，如皮带、皮鞋、衣料，甚至洞中的老鼠、蚯蚓都找来吃掉了。再也没有什么可吃的东西了，他们只好偎依在一起，相互安慰着。但死亡的脚步一刻也没有停止，一分钟一分钟地向他们逼近着。

队长丹尼是个年轻的小伙子，他年轻、能干、活泼，大学毕业后来到探险队，很快就被大伙推选为队长。他看着奄奄一息的队友，左思右想，终于作出了一个痛苦决定："如果救援不及时，5个人都将面临死亡。与其大伙同归于尽，还不如牺牲自己，维持他们的生命。"

此刻，他想得最多的是薇拉，一位美丽的姑娘。他们已相爱多年，他答应她将在美丽的 9 月让她穿上洁白的婚纱。如果他死去，薇拉将悲痛欲绝。然而，他已别无选择。

当丹尼准备把这个决定说出来时，他忽然有一个想法，想考验一下四位队友，看谁能为了别人，甘愿牺牲自己。

于是，他对队友们说：""我们必须牺牲一人用他的血肉来维持其他队友的生命，不然……你们……谁愿意牺牲自己，奉献出躯体？你们谁愿意……"他听不到一点儿声音，死一般寂静。他打亮了打火机，看到的是队友们一张张恐惧的脸。明天，丹尼决定自杀，自己的血肉能供队友将生命维持到后天或更长时间，等救援队的到来。丹尼为自己高尚的决定感到振奋。

这一夜，他睡得很香，梦中薇拉给他端来了牛奶、面包。睁开眼，他第一个看到的是薇拉，仿佛是在医院里，一位医生后面站着两名年轻的护士。

"丹尼，亲爱的。可吓死我了，你总算活过来了。"

薇拉激动地吻着丹尼。

原来，就在丹尼决定自杀后睡着的那一夜——被困陷的第 4 天夜晚，救援队调集大量人力提前打通了洞，但只有丹尼活了下来。而其他 4 人因怕被队友们吃掉，手持石头做自卫状，在极度惊恐中死去。

（佚名）

聋哑学校

一个有爱心的人是不会拒绝任何一次传递爱心的机会的，真正对盲童事业热爱的人也不会忽视身边的任何一个盲童。

今天清早，门铃响了，父亲去开门，只听他惊异地说："呀！不是乔治亚吗？"

我们家在支利的时候，乔治亚是我家的园丁。后来他去希腊做了三年铁路工人，昨天回到热那亚。他带着一个大旅行袋，比以前老了一些，但脸孔还是那样红润愉快。

父亲请他进来，他推辞了一会儿，进来满脸严肃地问道："我家里怎么样？我的奇奇阿怎样？"

"我知道她最近在学校很好的。"母亲说。

乔治亚深深地叹了一口气说："唉！上帝保佑，已有三年没有见她了，其他亲人也见不到，不知道她现在怎样。我甚至没有勇气去聋哑学校看她呢！我先把行李寄放在这里，到学校去接她回家吧！"

父亲说："我们跟你一起去。"

"对不起，还有一句话想问问——"不等园丁说完，父亲插话说："你在希腊还好吧？"

"还算好，谢谢上帝！总算挣了一些钱回来。刚才我要问的是我那聋哑女儿究竟受了些什么教育？可怜，我出国的时候，她不会听，不会说，像个小动物，可怜的小东西！妻子来信说，那孩子正在学说话，进步还不小哩！但我并不十分相信。我想，像她那样的人能学什么说话啊！她学的手语我又不懂，我和她之间有什么办法可以沟通呢？可怜的孩子，只要我们不幸的父女俩能沟通，我就十分满意了。真不知道她们是怎样学习的。"

"我也不知道，我们去看看就知道了。去吧！不要浪费时间了。"父亲微笑着说。

聋哑学校离我们家不远，园丁一面走一面忧虑地说："呵！可怜的奇奇阿，生下来就聋，我从来没有听她叫过爸爸妈妈。我叫她，她也听不见。幸而遇到好心人资助她入聋哑学校，8岁时才进去，已经3年，11岁了，长高了吧？她的情绪还好吗？"

"一会儿便知道了。"我边走边回答说。

"学校在什么地方？"他问。

"当时我已经出国，是由我的妻子送她来的。似乎就在这附近吧？"

不一会儿，我们到了。进了接待室，就有职员来打招呼。

"我是奇奇阿·渥奇的父亲，请带她出来见见面。"园丁说。

"现在她们正在上游戏课呢，我去通知舍监。"职员说完，便到里面去了。园丁默默地看着墙壁上学生的作业，但好像视而不见。

门开了，一位穿黑袍的女老师领着一个女孩出来。父女相对默看了一会儿，便向前互相拥抱哭了起来。

女孩穿着白底红条衣服，围着灰色的围裙，长得比我还高。她抱着爸爸的脖子哭着。

园丁上下打量着女儿，气喘吁吁地说："呵！长大了，也好看多了。我可怜可爱的奇奇阿呀，我的哑女！这位就是孩子的老师吧？你叫她做点手语给我看，我也想慢慢跟她学，好懂得她的意思。"

老师微笑，面对女孩低声地问："这位来看你的是谁？"

女孩像初学意大利语的外国人那样，用走腔走调的声音微笑着回答说："他是我的父亲。"

园丁听了，几乎不相信自己的耳朵，惊讶地说："会说话了！这是可能的吗？会说话了呀！你能说话了，再说点什么我听听。"说着，又再次抱着女儿亲吻。

"老师！你不是教她手语的吗？她不用手语，你是怎样教出来的？"

"不是，渥奇先生，我们不用手语，那是旧的方法。我们教的是新的口语法，你是不知道的。"

"我不知道有这回事。我到国外去了三年，家里虽写信告诉我，我总不大相信。我真是一个木脑瓜呵！孩子，你听懂我的话了？你听见我的声音了？回答我，你听到我说什么？"

"不！先生！她还是听不见你的声音。她之所以能懂你的话，是因为看到你的嘴唇动作而领悟到你的意思，她听不见你的声音，就像她听不见她自己的声音一样。她之所以能够说话，是我们一字一句地把嘴唇和舌头的动作同她的呼吸和喉咙配合而发声的。"老师解释说。

园丁张大嘴巴，不理解，不相信。他向着女儿的耳朵小声地说："告诉我，奇奇阿！爸爸回来了，你高兴吗？"他抬起头，等待着女儿的回答。

女儿望着父亲思索着，但不会回答。父亲困惑了。

老师笑着说："先生！她不能回答你，是因为没有看到你嘴唇的动作，你是在她耳旁说的，你面对着她再问问她看。"

父亲面对着女儿问道："爸爸回来了，以后再也不去了，你高兴吗？"

女儿望着父亲的嘴，看到了嘴唇的动作，明白地回答说："爸爸回来，以后再也不去，我高兴。"

父亲又热烈地拥抱女儿，急于弄清楚她究竟是否能回答他所有的问话：

"妈妈叫什么名字?"

"安东尼亚。"

"小妹妹呢?"

"阿黛拉德。"

"这里是什么学校?"

"聋哑学校。"

"10 的 2 倍是多少?"

"20。"

当我们以为他一定会开怀大笑的时候,他突然转笑为哭,但那是快乐的哭。

"别哭! 你应该高兴才对,你看,弄得孩子也哭了。请别哭了吧!"老师说。

园丁回过头来,捧着老师的手不停地吻:"谢谢! 一百个谢谢! 一千个谢谢! 老师先生! 请原谅,我除了说谢谢以外,真不知要说些什么才好了。"

"你女儿不但会说话,还会写字,做算术,知道所有日常用品的名称,连地理、历史也懂得一些呢! 现在已升入正班。再过两年毕业后,就可以做力所能及的工作了。从这里毕业出去的学生,有许多已做了商店售货员,和正常人一样呢!"

园丁又一次感到不可思议。他的思绪好像有点紊乱,望着女儿,抚着她的头发,从脸上的表情看似乎有了新的疑问。

老师向站在旁边的职员说:"去叫一个预科生来。"

职员进去,领了一个才进校几天的八九岁的女孩出来。老师说:"这孩子入学不久,才学初级课程。你看我是怎样教她的,我要她发 E 音,请注意。"

老师张嘴做一个发 E 音的口形,叫孩子照样发音,但她却发出 O 音。老师摇摇头,她拉着小女孩的一只手放在她的喉部,另一只手放在胸部,重复发出 E 音。女孩的手感觉到老师喉头和胸部的动作,就张开嘴发出正确的 E 音来了。

老师接着又用同一方式教孩子发出 C 音和 D 音。问园丁:"现在你明白了吧?"

园丁明白了,但好像比早先更为惊奇。

"那么,你们是这样一个个地教她们的吗?"他问道,等着老师的回答。

"那需要多大的耐心和精力呵! 一点一点地,一个一个地,一年一年地,把先天聋哑的人教会说话,你们真是圣人,是天使,在这世界上,恐怕没有什么东西能报答你们的了。我应该说些什么好呢? 让我和女儿单独在一起,哪怕是五分钟也好。"

　　园丁把女儿领到面前坐着，问了种种问题，女儿都一一回答了。他笑着，眼睛发亮，用拳击着膝盖。他拉着女儿的双手，凝望着她，高兴地在一旁听女儿说话，就好像在听天使说话一样。他问老师说："我可以见见校长先生，当面向他道谢吗？"

　　"校长不在。你应该道谢的还有一个人。在这里，每个年龄较小的学生都有一个比较年长的做她的姐姐或妈妈。照顾你女儿的是一个17岁的面包师傅的女儿。她对奇奇阿可好啦！这三年来，每天替她穿衣、梳头、教她念书、做针线、补衣服，她们俩真是一对好朋友。奇奇阿，你姐姐叫什么名字？"

　　女孩微笑着说："卡德琳娜·佐丹奴。"她又对爸爸说："她对我非常——非常好！"

　　老师示意职员，又从里面领出一个淡色头发、脸色红润、身体壮实的哑女出来。她也穿着白底红条衣服和灰色围裙，站在门口，有点害羞地低头微笑着，外观像个妇人，其实还是女孩。奇奇阿立刻走上去拉着她回到父亲身旁，女孩用粗重的声音说："卡德琳娜·佐丹奴。"

　　"呀！好一个端庄的姑娘呀！"园丁赞美着，想伸手去抚摸她，又缩回来，重复地说：

　　"多好的姑娘呀！愿上帝保佑你，赐给你好运和安慰，祝你和你全家快乐。你待我可怜的奇奇阿那样好。我是一个老实的工人，穷孩子的父亲，衷心祝福你！"

　　那姑娘爱抚着奇奇阿，还是低头微笑着，园丁目不转睛地看着她，好像她是一位圣母。

　　"你可以把女儿接出去玩一天的。"老师说。

　　"我可以带她去吗？那太好了！我带她回老家康多夫去，明天准保送回来。真没有想到能带她出去呢！"

　　女儿进去换衣服。园丁说："三年不见，已经会说话了！今天我带她回康多夫去。首先我要陪她到都灵街上看看，然后带她和亲友见见面。呵！这日子真美呵！我心里真安慰呵！"

　　女儿穿了外套，戴了帽子出来，拉着父亲的手。园丁走到门口，向老师说："衷心感谢各位，明天回来再向大家道谢吧！"

　　忽然，他停下来，放开女儿的手，往背心里摸索了一会儿，激动地说：

"喂！老师！我并不是一个穷光蛋！我这里有 20 里拉捐赠给学校，是金币呢！"

"当"的一声，.他把钱放在桌子上。

"不！先生！"老师感动地说，"我不是学校主管，请你拿回去吧！校长在时你跟他谈吧！但他肯定不会接受，这些钱是你辛勤劳动得来的。我们十分感谢你！"

"不！我要把这些钱留下！"园丁坚决地回答说。老师把钱放回他的袋里，不让他再拿出来。园丁摇摇头，向老师和那大女孩送上一个飞吻，拉着女儿和我们一起走出校门。

"走吧！走吧！我可怜的哑女，我的宝贝！"

奇奇阿用她特别的声音说："今天的太阳真好呵！"

（佚名）

苦难与不幸

每当年轻人在人生中突遭打击的时候，总能从它那里吸取足够的冷静和力量，不论在怎样的艰难之中，总能保持一种乐观向上的精神。

在一个小区的楼群里，住着两位很特别的人，33 号住着一位年轻人，左邻 32 号是个老人。

老人一生相当坎坷，多种不幸都降临到他的头上：年轻时由于战乱几乎失去了所有的亲人，一条腿也在空袭中不幸被炸断；"文革"中，妻子忍受不了无休止的折磨，最终没能和他同舟共济，并跟他划清了界限，离他而去；不久，和他相依为命的儿子又丧生于车祸。

可是在年轻人的印象之中，老人一直矍铄爽朗而又随和。

而隔壁邻居的那个年轻人却与之相反，常常是愁眉苦脸，什么时候都显得很忧郁。当他听别人讲 33 号那个老人一生中的经历以后，就想和老人聊聊。于是年轻人便找了个机会到了老人的家里聊起了天，并把他的愁事跟老人说了。老人并没有说什么，只是笑。

年轻人终于忍不住了，便问："您经受了那么多苦难和不幸，可是为什么看不出您有伤怀呢？"老人无言地将年轻人看了很久，然后，将一片树叶举到年轻人眼前："你瞧，它像什么？"

"这也许是白杨树叶，而至于像什么……"年轻人答道。

老人拿着手中的树叶对年轻人说："你能说它不像一颗心吗？或者说就是一颗心？"

这是真的，是十分类似心脏的形状。年轻人的心为之轻轻一颤。

"再看看它上面都有些什么？"老人继续说道，一边说着，一边把手中的树叶更近地向年轻人凑凑。年轻人清楚地看到，那上面有许多大小不等的孔洞，就像叶子中间被针扎了很多次似的。

老人收回树叶，放到手掌中，用沉重而舒缓的声音说："它在春风中绽出，在阳光中长大。从冰雪消融到寒冷的秋末，它走过了自己的一生。这期间，它经受了虫咬石击，以致千疮百孔，可是它并没有凋零。它之所以享尽天年，完全是因为对阳光、泥土、雨露充满了热爱，对自己的生命充满了热爱，相比之下，那些打击又算得了什么呢？"

老人最后把叶子放在年轻人的手里，他说："这答案交给你啦，这是一部历史，更是一部哲学啊。"

如今，年轻人仍完好无损地保存着这片树叶。每当年轻人在人生中突遭打击的时候，总能从它那里吸取足够的冷静和力量，不论在怎样的艰难之中，总能保持一种乐观向上的精神。

（佚名）

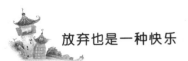

飞翔的信念

只要有信念，只要有梦想，并且不断努力，世界上就没有做不成的事情！

现在我们都能够坐上舒适快捷的飞机从世界的一个角落到另一个角落旅行了。飞机是谁发明的大家可能都知道，但是却很少有人知道是什么原因让他们想到了要发明飞机。

在美国，有一位穷苦的牧羊人，他的妻子在几年前离他而去了，他只能和自己的两个孩子靠给别人放羊来维持生活，日子过得很艰苦。

一天，他和孩子在山坡上放羊的时候，一群大雁从他们的头顶飞过，消失在天边。

小孩子总是喜欢问这问那，小儿子问他的父亲："大雁要飞到哪里去？"

"他们要飞到温暖的地方过冬。"牧羊人回答说。

"如果我们也能像大雁一样飞起来就好了，那样我们就能飞到天堂上看我们的妈妈了，她一个人在那里一定很孤单，她肯定想我们了。"年纪大一点儿的儿子说。

儿子的话让牧羊人流下了感动的泪水，短暂的沉默后，牧羊人对两个儿子说："只要你们有飞翔的信念，我相信你们肯定能飞起来。"

"我们现在就有这样的信念，我们现在就要飞起来。"两个儿子伸开手臂试了试，但他们并没有飞起来。他们看了看父亲，很明显，他们在怀疑父亲所说的话。

牧羊人说："我可以试给你们看。"于是张开双臂，但是他和自己的孩子一样，也是没有飞起来。"我想肯定是因为我年纪大了才飞不起来，你们还小，只要有坚定的信念，并且不断努力，我相信总有一天你们能飞起来，飞到天堂看望你们的妈妈。"

父亲的话深深地刻在了兄弟两人的心中，从此他们就开始致力于飞翔的研究，当他们长大的时候，他们终于飞上了天空，他们就是莱特兄弟——飞机的发明者。

（佚名）

事情就是这样

爱可以融化冷漠和绝望，可以为身旁的人带来幸福与希望。爱可以创造人间种种奇迹。

25 年前，有位社会学教授，曾叫班上一群学生到一个贫民窟，调查 200 名男孩的成长背景和生活环境，并对他们未来的发展作一个评估，每个学生得出的结论都相同："这些贫民窟的男孩不会有出头之日的。"

25 年后，其中一个大学生成了教授，他无意中在办公室的档案中发现了这份研究报告，他很好奇地想知道这些男孩的现状到底如何，因此他叫自己的学生继续作追踪调查。

调查的结果是：这些男孩已经长大成人，除了有 20 人搬迁和过世，剩下的 180 人中有 176 名都有很好的工作，而且还有一部分人成就非凡，其中担任律师、医生和企业家的比比皆是。

这个教授颇感惊讶，决定深入调查此事。他拜访了当年评估的那些人，问道："你今日能成功的最大原因是什么？"结果每个人都不约而同地回答："因为我遇到了一位好老师。"

教授终于找到了这位虽然年迈，但仍然耳聪目明的老师，请教她到底用了什么办法，能让这些在贫民窟长大的孩子个个出人头地。

这位老太太眼中闪着慈祥的光芒，嘴角带着微笑回答道："其实也没什么，我爱这些孩子，我尽全力给他们尽可能多的文化知识和做人的道理，事情就是这样的。"

（佚名）

信念如旗

　　只要坚定信念，把信念作为一面旗帜，厄运与困难就会迎刃而解，烦恼和痛苦也会烟消云散。

　　缺乏坚定的信念，是很多人的一大通病，但下面这个人不是这样，他把信念作为自己的一面旗帜。

　　罗杰·罗尔斯是美国纽约州历史上第一位黑人州长。他出生在纽约声名狼藉的大沙头贫民窟。这里环境肮脏，充满暴力，是偷渡者和流浪汉的聚集地。

　　在这儿出生的孩子，耳濡目染，他们从小逃学、打架、偷窃甚至吸毒，长大后很少有人从事体面的职业。然而，罗杰·罗尔斯是个例外，他不仅考入了大学，而且成了州长。

　　在记者招待会上，一位记者对他提问："是什么把你推向州长宝座的？"面对300多名记者，罗尔斯对自己的奋斗史只字未提，只谈到了他上小学时的校长——皮尔·保罗。

　　1961年，皮尔·保罗被聘为诺必塔小学的董事兼校长。当时正是美国嬉皮士流行的时代，他走进大沙头诺必塔小学的时候，发现这儿的穷孩子比"迷惘的一代"还要无所事事。他们不与老师合作、旷课、斗殴，甚至砸烂教室的黑板。皮尔·保罗想了很多办法来引导他们，可是都没有奏效。

　　后来他发现这些孩子都很迷信，于是在他上课的时候就多了一项内容——给学生看手相。他用这个办法来鼓励学生。

　　当罗尔斯从窗台上跳下，伸着小手走向讲台时，皮尔·保罗说："我一看你修长的小拇指就知道，将来你是纽约州的州长。"

当时，罗尔斯大吃一惊，因为长这么大，只有他奶奶让他振奋过一次，说他可以成为 5 吨重的小船的船长。这一次，皮尔·保罗先生竟说他可以成为纽约州的州长，着实出乎他的预料。他记下了这句话，并且相信了它。

从那天起，"纽约州州长"就像一面旗帜，罗尔斯的衣服不再沾满泥土，说话时也不再夹杂污言秽语。他开始挺直腰杆走路，在以后的 40 多年间，他没有一天不按州长的标准要求自己。51 岁那年，他终于成了州长。

在就职演说中，罗尔斯说："信念值多少钱？信念是不值钱的，它有时甚至是一个善意的欺骗，然而你一旦坚持下去，它就会迅速增值。"

（佚名）

不要让邪恶的羽毛散落在路旁

"那么，当你想说些别人的闲话时，请先想一想，自己的话到底会带来怎样的后果。不要让这些邪恶的羽毛散落在路旁。"

在 16 世纪的罗马，有一位牧师深受大家的爱戴，他的名字叫做圣菲利普。不仅富人和贵族追随着他，甚至平民和乞丐也都喜欢他，这一切都是因为他的善解人意。

有一次，一位妇人来到圣菲利普面前倾诉自己的苦恼。她絮絮叨叨地讲述了一个上午，圣菲利普才明白了她苦恼的根源。其实她心地倒不坏，只是她常常说三道四，喜欢在人背后说些无聊的闲话。这些闲话传出去后，不仅给别人造成了许多伤害，也使得她的人缘坏透了，以至于她连一个真心的朋友都没有。

圣菲利普对她说："我知道你苦恼的原因，也有一个解决的办法。如果你不想再为此苦恼下去，现在请你到市场上买一只母鸡，走出市镇后，沿路拔下鸡毛并四处散布。你要一刻不停地拔，直到拔完为止。你做完之后就回到这里告诉我。"

妇人觉得这是非常奇怪的办法，但为了消除自己的烦恼，她没有任何异议。她真的去买了只鸡，走出城镇，并遵照牧师的吩咐拔下鸡毛，沿途散布，然后她回去找圣菲利普，告诉他自己按照他说的做了一切。

圣菲利普说："你已完成了事情的第一部分，现在要进行第二部分：你必须回到你来的路上，捡起所有的鸡毛。"

妇人为难地说：""这怎么可能呢？在这个时候，风已经把它们吹得到处都是了。也许我可以捡回一些，但是我不可能捡回所有的鸡毛。"

"没错，夫人。那些你脱口而出的无聊话语不也是如此吗？你不也常常从口中吐出一些伤害别人的谣言吗？然后它们不也是散落路途，口耳相传到各处的吗？你有可能跟在它们后面，在你想收回的时候就收回吗？"妇人说："不能，神父。"

"那么，当你想说些别人的闲话时，请先想一想，自己的话到底会带来怎样的后果。不要让这些邪恶的羽毛散落在路旁。"

（佚名）

善良的报答

我们要用爱心让这个社会充满温暖。当你的善良给别人带来温暖时，你也一定能得到温暖。

洛华德是一个公司的经理。一个冬天的晚上，洛华德的妻子不慎把包丢在了一家医院里。洛华德焦急万分，连夜去寻找，因为包内装有十万美元的现金，还有一份非常机密的市场信息，十分重要。

洛华德忐忑不安地赶到那家医院，一眼就看到一个瘦弱的女孩坐在走廊的椅子上，冻得瑟瑟发抖，她怀中紧紧抱着的，正是妻子丢失的包。

这个女孩叫丽莎，是来医院陪妈妈治病的。女孩家里很穷，母女两个相依为命，卖了家里所有的东西，凑到的钱仍然不够医药费。明天，丽莎的母亲就要被赶出医院了。

　　这天傍晚，绝望的丽莎一个人在医院走廊里走着，乞求上帝保佑，能有人帮助她的母亲。就在这时，一位有钱夫人急匆匆走过去，手里的包掉在了地上也没有发现。丽莎急忙捡起包，追出门外，可那位女士已经坐上轿车走了。

　　丽莎把包拿给妈妈看，妈妈打开包，没有发现主人的信息，却被里面的一大把钞票惊呆了。母女俩都明白，这些钱很可能会治好妈妈的病，但这钱不是自己的，怎么办呢？

　　妈妈让丽莎把包送回走廊去，等丢失的人回来取。丽莎理解母亲诚实的品性，她默默走到冷清的走廊，等待着钱包的主人。

　　洛华德感激不已，他拿回了包，并帮助她们寻找医院的帮助。不幸的是，医院还是没能挽救丽莎母亲的生命。

　　由于母女俩的善良之举，洛华德拿回了十万美元的现金，并因为那份至关重要的市场信息，生意日渐兴隆。不久，洛华德成了身价倍增的富翁，他收养了丽莎，并送她读完大学。

　　丽莎毕业后，协助洛华德料理生意。丽莎悉心学习洛华德的智慧和经验，在长期的历练中，丽莎成为一名成熟的商业人才。到了晚年，洛华德的很多商业决策都要征求丽莎的意见。

　　洛华德老年临危时，留下一份遗嘱："我认识丽莎母女之前，就已经很有钱了。可是，当我站在贫病交加却品德高尚的母女俩面前时，我发现她们是最富有的。我收养丽莎不仅仅是知恩图报，也不是出于同情，而是为我自己请来一个做人的楷模。她在我的身边，我在生意场上就不会迷失了自己，并能时刻铭记哪些该做、哪些不该做，什么钱该赚、什么钱不该赚。这就是我后来事业发达的根本原因。"

　　"我死后，财产全部留给丽莎。这不仅仅是馈赠，而是为了我的事业能更加兴旺发达。我深信，我聪明的儿子能够理解爸爸的良苦用心。"

　　洛华德的儿子仔细看过父亲的遗嘱后，毫不犹豫地说："我同意丽莎继承父亲的全部遗产。而只请求丽莎能做我的夫人。"

　　丽莎幸福地说："我接受先辈留下的全部财产——包括他的儿子。"

　　　　　　　　　　　　　　　　　　　　　　　　　　　　（佚名）

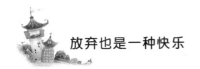
我的面前没有高山了

他只说了一句话："感谢上帝，我的面前没有高山了。"

1999 年 5 月 27 日，尼泊尔当地时间早晨 7 点。

英国人汤姆·威塔格实现了他一生的梦想。经过 8 个小时精疲力竭的攀登，越过危机四伏的岩石和冰层，威塔格登上了世界之巅——珠穆朗玛峰！威塔格 1979 年在一次交通事故中失去了右脚和膝盖，他成为世界上第一个登上珠峰的残疾人。

珠穆朗玛峰天地相连，时速 161 公里的狂风劲吹，气温能降至零下 96℃。敢于攀登珠峰的登山者要面对一系列的危险：被寒冷冻伤、被太阳灼伤、被雪的反射光刺成雪盲、呼吸寒冷空气能造成剧烈的咳嗽。此外，珠峰还有固有的危险：雪崩、深不见底的冰缝、残酷的暴风雪等。但是对激情满怀的登山者来说，登上珠峰是冒险的最高奖赏，是他们梦寐以求的目标。

1979 年发生车祸之后，医生们截去了威塔格的右腿，但这没有动摇他成为世界级登山者的决心。49 岁的威塔格是美国亚利桑那州的一名登山向导训练教练。威塔格在车祸后借助于假肢坚持登山，是什么激励他去攀登世界上最令人生畏的高峰呢？威塔格这样说："为什么有人要跑马拉松或打橄榄球？就是要逼自己向一个更高更大的目标前进，能不能实现你自己并不知道。"

1989 年，威塔格到达珠峰 7300 米的高度，但是由于一场暴风雪被迫退回大本营。

1995 年，他又去珠峰，这次他到了 8382 米，但是他的身体在残酷的高山反应下垮掉了。1999 年初的这次登顶成功则是威塔格第三次冲刺珠峰。

攀登珠峰最大的困难在于它的高海拔所导致的缺氧，登山者会得高山病，如脑水肿、肺水肿，这两种病足以致人于死地。但有趣的是，常常给登山者做向导的当地舍巴人却几乎不得高山病。科学家认为当地人携带了一种基因使之能有效地利用氧气。

专家们认为挑战珠峰最好的训练方法是持续不断地攀登高山 10—15 年，真正获得在海拔 5000 米以上地区的严酷环境下生存的经验。威塔格第二次登顶失败后曾对记者说："登山并没有升学那么难，大多数人都认为两次登珠峰足矣，但有人对我说，三次也不失为明智之举，所以我决定再试一次，也是最后一次。"

威塔格的历史性攀登就像是一部惊险的影片，刚到大本营，时速 161 公里的风暴就摧毁了 2 号和 3 号营地的帐篷和设备。设立此营地是让登山者休息以适应当地的缺氧环境。后来威塔格又掉队了，一种感冒状的病毒使他虚弱得难以前进。几天后有些恢复之后，他到了 4 号营地，这里被称为"死亡之地"。此时他的 3 个伙伴安格拉、杰里斯和汤米只登上了珠峰的南峰——比最高峰低 374 米，狂风就迫使他们下撤。

威塔格此时得了高山肺水肿，不得不从 4 号营地下撤到 2 号营地。基地医生用无线电通知他撤到大本营治疗以保证他的生命安全。

经过一番激烈的辩论，威塔格决定抓住攀登珠峰的最后机会。1999 年 5 月 24 日早晨 6 点，威塔格、朋友杰夫和 4 个舍巴人出发登顶，经过 3 天难熬的日子，他和朋友杰夫登上了 8848 米巅峰。威塔格是怎么想的呢？他只说了一句话："感谢上帝，我的面前没有高山了。"

（佚名）

约会需要多大勇气

不过威勒欧普给杰夫的最珍贵的东西，还是鼓励他继续发挥先前那种勇气。而商业界或者其他任何地方，所需要的就是勇气。

美国科罗拉多州有一位年轻人叫做杰夫，他刚刚开始学做生意。一周前，他听说百事可乐的总裁卡尔·威勒欧普要到科罗拉多大学来演讲，于是立刻打电话找到卡尔·威勒欧普的助手，希望能找个时间和他会面，讨教一些经商的经验。可是那个助手告诉他，卡尔·威勒欧普的行程安排得很满，顶多只能在演讲结束后的 15 分钟内与他碰一下面。

于是，在卡尔·威勒欧普演讲的那天，杰夫早早就来到科罗拉多大学的礼堂外守候着。

卡尔·威勒欧普演讲的声音以及听众们的笑声和掌声不断从里面传来，不知过了多久，杰夫猛然惊觉：预定时间已经到了，但是演讲还没有结束。卡尔·威勒欧普已经多讲了 5 分钟，也就是说，他和自己会面的时间只剩下 10 分钟了。

这时，杰夫当机立断，做出一个决定。他拿出自己的名片，匆匆在背面写下这样几句话："先生，您下午 2 点半和杰夫·荷伊有约会。"然后他做个深呼吸，推开礼堂的大门，直接从中间的走道向卡尔·威勒欧普走去。

威勒欧普先生原本还在演讲，见杰夫走近，他停了下来。杰夫把名片递给他，随即转身从原路走回。他还没走到门边，就听到威勒欧普先生告诉台下的听众："抱歉各位，我 2 点半有个约会，但显然我已经迟到了，所以我必须结束演讲。谢谢大家来听我的演讲，祝大家好运！"然后就走到外面。他看看名片，接着看看杰夫说："我猜猜看，你就是杰夫。"他说着就露出了微笑，把右手伸了出去。他们的手紧紧握在了一起。

结果，那天下午他们谈了整整 30 分钟。威勒欧普不但告诉杰夫许多精彩动人、让杰夫到现在都还常拿出来讲的故事，还邀杰夫到纽约去拜访他和他的工作伙伴。

不过威勒欧普给杰夫的最珍贵的东西，还是鼓励他继续发挥先前那种勇气。而商业界或者其他任何地方，所需要的就是勇气。

（佚名）

让自己更耀眼

他在传记中谦逊地说："我仅是一粒微弱的星火，如果我还有
高明的地方的话，就是我懂得如何把自己放在一个恰当的位置上，
让微弱的光更耀眼一些罢了。"

安迪在一家拥有近千名员工的大公司里谋到了一个还不错的职位，这让
很多人羡慕不已。但是，安迪自己却十分苦恼，因为在这个大公司中，他已
经在这个职位上辛辛苦苦干了三年了，每一天都不敢懈怠。可奇怪的是，领
导似乎从来没有看到这一点。三年来安迪一直得不到提拔和重用。

有一天晚上，安迪想要到地下室去取一些急需的东西，可在这时，突然
停电了！四周一片漆黑。他马上摸索着出去找蜡烛，却没有找到，他从不抽
烟，所以也没有打火机。

正当他无计可施的时候，无意间碰到了一张音乐贺卡，那贺卡马上就响
了起来，伴随着悦耳的声音，小小的灯泡一闪一闪的，很漂亮。他打开贺卡，
发现小灯泡还挺亮的。

于是，他想："如果带着它去地下室找东西，也许还可以凑合着用吧！"
果然，在伸手不见五指的地下室里，贺卡的光亮显得非常炫目，借助着这点
光亮，安迪很容易地就找到了要找的东西。

安迪从这件小事上突然明白了一个道理。

不久以后，安迪就从他所在的那个大公司辞职了，来到一个只有30个人
的小公司。他的新工作只是市场部的一个小职员，比起他以前的工作，这个
工作简直就是小儿科，薪水也十分微薄，但是安迪知道自己想要什么，他毫
无怨言，决心从头做起。

由于他在原来的公司积累了丰富的工作经验，轻车熟路，再加上不懈的
努力和独特的眼光，短短几个月之后，他就升任了项目部经理。然而，他并
没有在这个位置上待多久，就从这家公司跳槽到了另一家更适合他的公司，

并逐渐做到了总经理的位置。

几年之后，安迪已经成了一家跨国大公司的董事长。

他在传记中谦逊地说：""我仅是一粒微弱的星火，如果我还有高明的地方的话，就是我懂得如何把自己放在一个恰当的位置上，让微弱的光更耀眼一些罢了。"

（佚名）

责任是成功的机会

在政界，男孩同样通过努力获得了自己梦想的职位。不久，美国又出现了一场经济危机，这一次他担负起了引领美国走出困境的责任。

上个世纪的二十年代，一个美国的普通家庭里生长着一个小男孩。一天，小男孩在他家门前的空地上和一群小朋友踢足球，一不小心踢碎了邻居家窗户的玻璃。邻居家的叔叔非常生气，大声地训斥了他，并向他索赔12.5美元。那个年代的12.5美元对于一个普通家庭来说可以维持半个月的生活开销，所以这对于每个月的零用钱只有几分的小男孩来说，简直难于登天。

带着万分的惊恐，男孩找到了自己的父亲，他相信父亲有钱给邻居叔叔。可是令他没有想到的是，平时十分宠爱他的父亲却要他自己赔钱，对自己的犯下的过错负起责任。

男孩惊讶地说："这怎么可能，我哪有那么多钱赔人家？"这时，父亲从兜里拿出了12.5美元，非常严肃地对儿子说："钱我可以先替你还上，但算是我借给你的，一年以后你必须还我，承担自己犯下的错误是你的责任。"

从那以后，男孩为了凭借自己的力量挣钱，开始了艰苦的打工生活。他放弃了平日里热衷的各种游戏，把课余时间都利用起来做所有自己力所能及的工作。最终，男孩只用了不到半年的时间就挣够了12.5美元，并把它还给了父亲。在把钱交到父亲手中的时候，他感受到了一种从未有过的自豪感和成就感。

后来，小男孩上大学毕业了，正赶上美国经济大萧条，他的父亲破产了。年轻的男孩主动负担起整个家庭的生活，并开始资助哥哥重回学校学习。再后来，男孩通过自己的努力成为了一位著名的电视节目主持人。可就在男孩的事业如日中天的时候，他出于强烈的社会责任感，公开地批评自己所在电视公司的最大赞助商——通用电气公司。结果男孩被辞掉了，转而投身政界。

在政界，男孩同样通过努力获得了自己梦想的职位。不久，美国又出现了一场经济危机，这一次他担负起了引领美国走出困境的责任。八年后，男孩成功了，当然，此时我们已不能再称他为男孩了，他就是闻名世界的美国总统——罗纳德·里根。

（佚名）

好忘事的马克·吐温

要想摒弃平庸，实现目标，就必须具有良好的思维习惯和行为习惯，用好的习惯去制约坏的习惯。

马克·吐温是美国家喻户晓的小说家，他一生写作的收入高达数百万美金，当时美国还没有几个人靠一支笔赚这么多钱。

马克·吐温做记者时，有一天他接到一个电话，说某条大街发生了一个重大事件，他立即意识到这是一个重要新闻线索，必须马上到达现场采访，掌握第一手资料。但一摸口袋分文皆无，就向同事借了50美元，这几乎相当于该同事一周的工资。

一个月过去了，借钱的同事见马克·吐温仍没有偿还的意思，便向他要账："先生，您应该还给我50美元。"

马克·吐温一愣："您说什么？难道我向您借过钱吗？"

"是的，您忘了，您去采访一个重大事件？"

"我每天采访的都是重大事件。"

同事没有办法，只得找来马克·吐温采访后发表稿件的报纸让他回忆。也不知马克·吐温想没想起来，同事觉得他很不情愿地拿出 50 美元给了自己。

还有一次一个裁缝师傅来报社找他，拿出一个账单让他付钱："马克·吐温先生，这是您两个月前订做衣服的账单。"马克·吐温接过账单看也没看就扔到了纸篓里，裁缝师傅以为他马上要付钱给他，但等了半天也没动静，就说："先生，请您付钱。"

马克·吐温满脸奇怪的神色："什么？难道我订做衣服会没有付钱吗？"

"是的，您还没有付钱。"

"不可能，这绝不可能，谁能证明我没付钱？"

说着说着，两人竟吵了起来，最后裁缝师傅把他告上了法庭，马克·吐温才不得不付钱。

类似这样的事情尚有许多。虽然当时马克·吐温在社会上的名气很大，但一提起他借钱的事，他的声誉便大打折扣。

（佚名）

小陈的面试

　　对人细微的关怀，能够折射出感人的品德，这种细节还常常成为被人赏识的切入口。

　　某地举行科局级干部公开竞争招选，在市总工会做办事员的小陈也报名参加了，竞争文化局副局长的岗位。笔试成绩揭晓，他以第一名的成绩顺利进入面试，而面试他也得了第一名，这是他意料之外的，因为面试前，他出了一些状况。

　　面试的前一天，天气骤然降温，小陈去乡下办事，穿的衣服有些单薄，晚上回家就高烧不止，烧到 39℃！家人忙送他去看急诊。天亮时，小陈的烧退了，但病情并没有多大的好转，他头晕、鼻塞、扁桃体发炎，上唇烧出两个蚕豆大的血痂。家人都劝他别去面试了，等下次的机会。可小陈坚持要去，家人没办法，只好让他戴着口罩，由小陈哥哥陪着去。

很快面试就结束了。小陈出来后，立即赶往医院继续挂水。小陈哥哥把小陈安顿好之后，便打车回到面试点等候看成绩。等了很久，见到评委们从里面出来，边走边谈论着一些考生的情况。其中一位说："那个有病的考生还挺会关心人的，虽然回答不太好，但我给了不低的分数。"另一位笑着说："我和你一样，也给了他不低的分数，关爱他人是做人的美德，也是做官的官德。"等了很长时间，成绩榜终于贴出来了，小陈得了第一名！

小陈哥哥把好消息告诉小陈的时候，顺便了解了小陈面试时的情况：他进面试室后，先主动声明自己是重感冒，要将椅子退后半步答题。主考官不同意，说会影响记录和答题。于是，他便请评委们将椅子向后移一步。这些细节，给他的面试增加了许多印象分。

（佚名）

人格的伟大力量

谎话只有在丢掉良心的时候，才能大声地说出口。我不能丢掉良心，也不可能讲出谎话。所以，请您另请高明，我没有能力为您效劳——我必须信守自己的诺言和原则！

1809 年 2 月 12 日，亚伯拉罕·林肯出生在一个农民的家庭。小时候，家里很穷，但是亚伯拉罕·林肯的父母很正直，教育林肯要守信正义。

1834 年，25 岁的林肯当选为伊利诺斯州议员，开始了他的政治生涯。1836 年，他又通过考试当上了律师。林肯当律师后给自己订立了一个规矩——只为蒙冤正义者辩护。亚伯拉罕·林肯一直信守着自己的承诺。

由于亚伯拉罕·林肯精通法律，口才很好，在当地很有声望。很多人都来找他帮着打官司。许多穷人没有钱付给他劳务费，但是只要告诉林肯："我是正义的，请你帮我讨回公道。"林肯就会免费为他辩护。亚伯拉罕·林肯在当地的法律界威望很高。

一次，一个富翁请林肯为他辩护。林肯听了那个客户的陈述，发现那个人是在诬陷好人，于是就说："很抱歉，我不能替您辩护，因为您的行为是非正义的，我有自己的做事原则和承诺。"

富翁无耻地说："难道你不想挣钱吗？我就是想请您帮我打这场不正义的官司，只要我胜诉，您要多少酬劳都可以。"

林肯义正言辞地说："只要使用一点点法庭辩护的技巧，您的案子很容易胜诉，但是案子本身是不公平的。假如我接了您的案子，当我站在法官面前讲话的时候，我会对自己说：'林肯，你在撒谎。'谎话只有在丢掉良心的时候，才能大声地说出口。我不能丢掉良心，也不可能讲出谎话。所以，请您另请高明，我没有能力为您效劳——我必须信守自己的诺言和原则！"

富翁听完，羞愧地离开了亚伯拉罕·林肯家里。

（佚名）

正直的汤金钊

汤金钊就这样一直没再考取公名，直到嘉庆年间，和珅被惩处，汤金钊才进京，并一举考中进士，后历任国史馆总纂、国子监祭酒、内阁学士等要职。

汤金钊是清朝中后期的大官，道光时曾官至吏部尚书，他为人正直宽恕，为官刚正不阿，严明纪律，不徇私情，办事公道，深受朝廷器重，也深受百姓们的爱戴。

青年时的汤金钊曾多次考取科举。一天，刚刚考完试的汤金钊在路上遇到一老翁在桥下哭泣，汤金钊急忙上前问明原因，这个老翁说自己唯一的女儿去年失踪了，现在才打听到消息说可能在京城和珅的府里，自己想去探望，可是路途遥远，自己又没有钱，不知如何是好。

于是，汤金钊当下便借了十多两银子给那个老翁。老翁进京后，真的在和珅府中找到了女儿，原来女儿一年前被和珅看中了，给他做了小妾，父女两个就这样失散了。老翁的女儿非常受和珅的宠爱，当得知是汤金钊给父亲钱进京时，和珅决定要报答这位青年。于是亲笔写了一封信给主考官，结果把汤金钊考的第三名改成了第一名。

第二年，汤金钊进京赴试，主考官看到他，急忙让他去拜谢和珅，这样就可以高中三元了。汤金钊知道了事情真相，原来自己考取的是第三名，觉得这对于其他考生来说太不公平了，于是以生病为借口匆匆返回了家乡，并表示和珅在朝一天，他就永远不进京城了。

汤金钊就这样一直没再考取公名，直到嘉庆年间，和珅被惩处，汤金钊才进京，并一举考中进士，后历任国史馆总纂、国子监祭酒、内阁学士等要职。

一天，汤金钊的马车在路上前行的时候，忽然不小心将路边一卖菜老翁的菜碰倒了，菜洒了一地。老翁当时并不知道里面坐的是汤金钊，于是对驾车的侍从又打又骂，让赔他菜钱。汤金钊听到了声音，拉开帘子对老翁说："老大爷，您的菜值多少钱啊？我来赔给你。"老翁说要一贯钱。汤金钊于是准备拿钱给他，可一摸自己身上，才发现出门时忘了带钱袋儿。于是，汤金钊让老翁跟着一起回家中取拿钱，可老翁不肯。

这时，南城兵马司指挥正好路过这里，他查明原委后向汤金钊施礼后说："大人，这个小人让我带回去惩治就行了。"老翁这时才知道这位大人就是汤金钊，是人们交口称赞的清廉的好官，于是立即说不要赔偿了。而汤金钊却执意不肯，他向指挥借了一贯钱，并亲手给了老翁。

老翁走后，汤金钊并没有立即赶路，而是停下车来与这个指挥说了好一会儿话，直到老翁走远看不到人影了，这才告别指挥上车离去。原来他是怕指挥再去找那个老翁的麻烦，才故意拖延了时间。

（佚名）

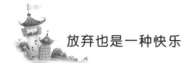

没有什么不可以改变

所以你看，世界上没有什么不可以改变，美好、快乐的事情会改变，痛苦、烦恼的事情也会改变，曾经以为不可改变的事，许多年后，你就会发现，其实很多事情都改变了。

整理旧物，偶然翻出几本过去的日记。日记本的纸张有些发黄了，字迹透着年少时的稚嫩，我随手拿起一本翻看。

"今天，老天，老师公布了期末成绩，我万万没有想到，自己竟然考了第五名。这是我入学以来第一次没有考第一，我难过地哭了，晚饭也没有吃，我要惩罚自己，永远记住这一天，这是我一生最大的失败和痛苦。"

看到这，我自己忍不住笑了。我已经记不得当时的情景了。也难怪，自离开学校后这十几年所经历的失败与痛苦，哪一个不比当年没有考第一更重呢？

翻过这一页，再继续往下看。

"今天，我非常难过。我不知道妈妈为什么那样做？她究竟是不是我的亲妈妈？我真想离开她，离开这个家。过几天就要填报高考志愿了，我要全都报考外省的大学，离家远远的，我走了以后再不回这个家！"

看到这，我不禁有些惊讶，努力回忆当年，妈妈做了什么事让自己那么伤心难过，但是怎么想也想不起来。又翻了几页，都是些现在看来根本不算什么事可是在当时却感到"非常难过"、"非常痛苦"或是"非常难忘"的事。看了不觉好笑，我放下这本又拿起另一本，翻开，只见扉页上写道：献给我最爱的人———你的爱，将伴我一生！我的爱，永远不会改变！

看了这一句，我的眼前模模糊糊浮现出那个同桌的他，曾经以为他就是我的全部生命，可是离开校门以后，我们就没有再见面，我不知道他现在在哪儿，在做什么。我只知道他的爱没有伴我一生，我的爱，也早已经改变。经历了许多的人，许多的事，到现在才明白：这个世界上，没有什么不可以改变。

曾经以为自己不会读低俗的武侠小说，现在才知道，武侠自有武侠的好，我的枕边每天都放着金庸和古龙的作品。

　　曾经以为只要好好爱一个人，就不会分手，现在才知道，你对他好，他也一样会爱别人。

　　曾经以为自己不会再爱上第二个人，可是现在，我正经历着一生中的第二次爱情，和第一次一样甜美，一样折磨人，一样沉迷，一样刻骨。

　　所以你看，世界上没有什么不可以改变，美好、快乐的事情会改变，痛苦、烦恼的事情也会改变，曾经以为不可改变的事，许多年后，你就会发现，其实很多事情都改变了。而改变最多的，竟是自己。不变的，只是小孩子美好天真的愿望罢了！

（佚名）